高等院校职业技能实训规划教材

Adobe Flash CS6动画设计与制作案例技能实训教程

岳梦雯　主　编

U0235946

清华大学出版社

北　京

内 容 简 介

本书以实操案例为单元，以知识详解为陪衬，从Flash最基本的应用知识讲起，全面细致地对动画作品的创作方法和设计技巧进行了介绍。全书共10章，实操案例包括绘制卡通形象、制作逐帧动画、制作书法特效、制作基础动画、制作宣传短片、制作网页广告、制作公益动画、制作多媒体动画、制作教学课件、制作交互动画等。理论知识涉及Flash入门上手操作、矢量图形的绘制、时间轴与图层、元件、库与实例、文本的应用、基础动画的创建、音/视频的应用、组件的应用等内容。每章最后还安排了针对性的项目练习，以供读者练手。

全书结构合理，用语通俗，图文并茂，易教易学，既适合作为高职高专院校和应用型本科院校计算机、多媒体及动画设计相关专业的教材，又适合作为广大动画设计者和爱好者的参考用书。

图书在版编目(CIP)数据

Adobe Flash CS6动画设计与制作案例技能实训教程 / 岳梦雯主编. —北京：清华大学出版社，2017
（2021.10重印）

（高等院校职业技能实训规划教材）

ISBN 978-7-302-47395-4

Ⅰ.①A… Ⅱ.①岳… Ⅲ.①动画制作软件—高等职业教育—教材 Ⅳ.①TP391.41

中国版本图书馆CIP数据核字(2017)第124493号

责任编辑：陈冬梅
装帧设计：杨玉兰
责任校对：张彦彬
责任印制：丛怀宇

出版发行：清华大学出版社
　　网　　址：http://www.tup.com.cn，http://www.wqbook.com
　　地　　址：北京清华大学学研大厦A座　　邮　　编：100084
　　社 总 机：010-62770175　　邮　　购：010-62786544
　　投稿与读者服务：010-62776969，c-service@tup.tsinghua.edu.cn
　　质量反馈：010-62772015，zhiliang@tup.tsinghua.edu.cn
印 装 者：三河市金元印装有限公司
经　　销：全国新华书店
开　　本：185mm×260mm　　印　　张：16.75　　字　　数：404千字
版　　次：2017年7月第1版　　印　　次：2021年10月第6次印刷
定　　价：49.00元

产品编号：072865-01

Flash 是一款优秀的矢量动画编辑软件，利用该软件不仅可以制作生活和工作中相关的人物肖像、特效设计、广告宣传、教学课件等动画作品，还可以开发出供人们休闲娱乐的动画小游戏。为了满足新形势下的教育需求，我们组织了一批富有经验的设计师和高校教师，共同策划编写了本书，以让读者能够更好地掌握作品的设计技能，更好地提升动手能力，更好地与社会相关行业接轨。

本书以实操案例为单元，以知识详解为陪衬，先后对各类型动画作品的设计方法、操作技巧、理论支撑、知识阐述等内容进行了介绍。全书分为 10 章，其主要内容如下。

章节	作品名称	理论知识体系
第 1 章	绘制卡通靓仔	介绍了矢量图形的绘制与编辑，涉及的工具包括绘图工具、选择工具、填充工具、编辑工具等
第 2 章	设计卡通人物散步动画	介绍了时间轴的用途、帧的类型及基本操作、图层的基本操作等
第 3 章	制作手写字效果	介绍了文本工具的使用、文本样式的设置、文字滤镜的应用等
第 4 章	制作骑行动画	介绍了元件的创建、编辑、转换，库面板的使用、实例创建等
第 5 章	制作城市旅游宣传片	介绍了引导动画的知识及创建思路等
第 6 章	制作智能手机宣传广告	介绍了遮罩动画的知识及创建方法等
第 7 章	制作拥军小动画	介绍了形状补间动画、传统补间动画、骨骼动画等
第 8 章	制作视频播放器	介绍了音 / 视频的应用，如在动画中插入音视频、音 / 视频的优化等
第 9 章	制作语文教学课件	介绍了组件的应用，包括组件的添加与设置，常见组件的应用方法与设计技巧等
第 10 章	制作个性节日贺卡	介绍了 ActionScript 3.0 的知识，其中包括 ActionScript 3.0 的语法、常见运算符，以及动作面板的使用等

本书结构合理，讲解细致，特色鲜明，内容着眼于专业性和实用性，符合读者的认知规律，也更侧重于综合职业能力与职业素养的培养，集"教、学、练"为一体。本书适合应用型本科、职业院校、培训机构作为教材使用。

本书由岳梦雯主编,参与本书编写的人员还有伏凤恋、许亚平、张锦锦、王京波、彭超、王春芳、李娟、李慧、李鹏燕、胡文华、吴涛、张婷、宋可、王莹莹、曹培培、何维凤、张班班等。这些老师在长期的工作中积累了丰富的经验,在写作的过程中始终坚持严谨细致的态度、力求精益求精。由于时间有限,书中疏漏之处在所难免,希望读者朋友批评指正。

需要获取教学课件、视频、素材的读者可以发送邮件到:619831182@QQ.com或添加微信公众号DSSF007留言申请,制作者会在第一时间将其发至您的邮箱。在学习过程中,欢迎加入读者交流群(QQ群:281042761)进行学习探讨!

编 者

Contents 目录

第 1 章　绘制卡通形象
——绘图工具详解

第2章 制作逐帧动画 ——帧与图层详解

第3章 制作书法特效 ——文本详解

Contents 目录

第4章　制作基础动画
——元件、库与实例详解

第5章　制作宣传短片
——引导动画详解

第6章　制作网页广告
——遮罩动画详解

第7章　制作公益动画
——补间动画详解

第8章 制作多媒体动画
——音视频应用详解

第9章 制作教学课件
——组件应用详解

第 10 章　制作交互动画
——ActionScript 特效详解

第1章

绘制卡通形象
——绘图工具详解

本章概述：

本章首先介绍一个卡通形象的绘制，通过学习该案例，可以让读者熟悉并掌握 Flash 应用程序中绘制工具的应用方法，以及编辑图形对象的技巧，如基本辅助功能的应用、钢笔工具的使用、铅笔工具的使用、填充工具的使用等。

要点难点：

辅助绘图工具　★☆☆
绘图工具　★★☆
填充工具　★★☆
选择对象工具　★★☆
图形对象的编辑　★★★

案例预览：

【跟我学】 绘制卡通靓仔

案例描述

　　这里将以卡通人物的绘制为例对 Flash 绘图操作进行介绍。绘图过程中综合运用了 Flash 的各种基本工具。通过该案例，读者可以熟悉 Flash 的基本工具，掌握运用工具绘画的技巧。

制作过程

　　STEP 01 打开 Flash 软件，创建一个新的空白文档，设置文档属性，设置舞台的尺寸为 330 像素 × 400 像素，如图 1-1 所示。

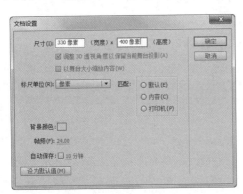

图 1-1

　　STEP 02 使用矩形工具在舞台上绘制一个矩形，填充色为 #FDCEAF，如图 1-2 所示。

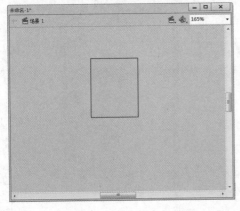

图 1-2

　　STEP 03 使用鼠标拖曳矩形边框，使其接近于一个人的脸部的形状，如图 1-3 所示。

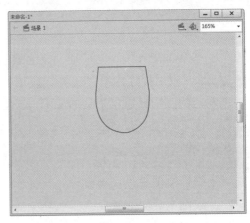

图 1-3

　　STEP 04 使用矩形工具绘制一个黑色的矩形，使用鼠标拖曳矩形边框，制作人物的头发，如图 1-4 所示。

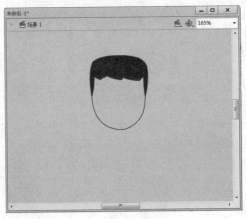

图 1-4

STEP **05** 使用椭圆工具绘制一个颜色和脸的颜色一致的椭圆，放置在脸颊的右侧，如图 1-5 所示。

图 1-5

STEP **06** 调整椭圆的形状，使其更像一只耳朵，使用线条工具绘制耳朵细节，然后复制出另一只耳朵，如图 1-6 所示。

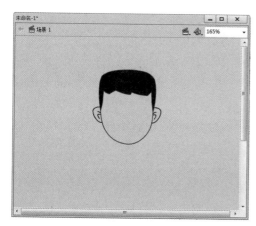

图 1-6

STEP **07** 使用矩形工具绘制一个黑色的矩形，调整矩形的形状，使其更像眉毛，复制出另一条眉毛，如图 1-7 所示。

STEP **08** 使用矩形工具绘制一个黑色的矩形，调整矩形的形状作为睫毛，如图 1-8 所示。

STEP **09** 使用矩形工具绘制一个无边框矩形，填充颜色和脸的颜色一致，调整矩

形的形状，作为眼皮放置在睫毛的下方，如图 1-9 所示。

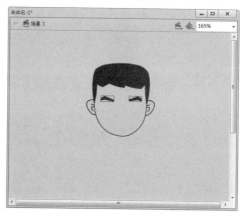

图 1-7

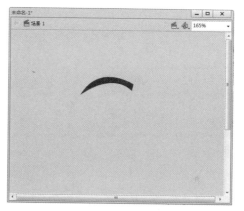

图 1-8

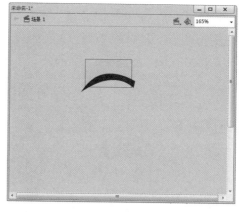

图 1-9

STEP **10** 使用椭圆工具绘制几个椭圆，分别作为眼睛的眼白、眼珠、眼球和高光，如图 1-10 所示。

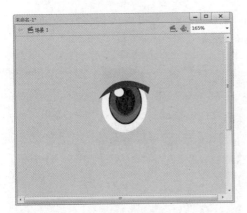

图 1—10

STEP 11 使用绘制上眼皮的方法，绘制下眼皮，绘制完成后复制出另一只眼睛，放置在合适的位置，如图 1-11 所示。

图 1—11

STEP 12 使用矩形工具绘制一个矩形，调整矩形的形状，删除矩形上端的线条，作为人物的鼻子，如图 1-12 所示。

图 1—12

STEP 13 使用铅笔工具绘制一个嘴形，使用颜料桶工具为其填充颜色，如图 1-13 所示。

图 1—13

STEP 14 使用矩形工具绘制人物的脖子和衣领，注意衣领的细节，将其放置在头部的下方，如图 1-14 所示。

图 1—14

STEP 15 使用矩形工具绘制人物的衣服和胳膊，调整矩形的形状，如图 1-15 所示。

STEP 16 使用铅笔工具绘制人物的手，使用颜料桶工具为手填充颜色，然后复制出另一只手，如图 1-16 所示。

STEP 17 使用矩形工具绘制一个矩形，填充色为 #334151，如图 1-17 所示。

图 1-15

图 1-18

图 1-16

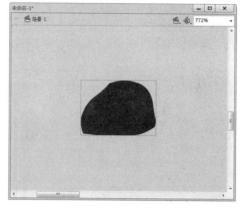

图 1-19

STEP **20** 绘制鞋子的细节，使鞋底的颜色和鞋面的颜色区分开，如图1-20所示。

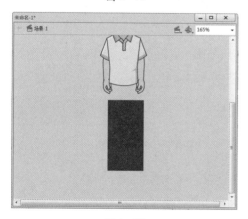

图 1-17

STEP **18** 拖曳矩形的边缘，调整矩形的形状，使其作为人物的裤子，如图1-18所示。

STEP **19** 使用矩形工具绘制一个矩形，调整矩形的形状，使其作为人物的鞋子，填充色为#332222，如图1-19所示。

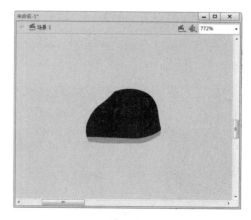

图 1-20

STEP **21** 人物大致绘制完成，调整人物的细节，使其更加有层次感。将人物的两鬓调整为深灰色，如图1-21所示。

图 1-21

STEP 22 增强人物头发的立体感，将头发的边缘颜色加深，并在头发上绘制一处高光，如图 1-22 所示。

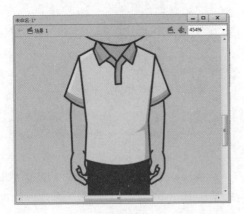

图 1-22

STEP 23 绘制人物的衣褶，使其更加自然。衣褶不宜过多，在腰部绘制一处即可，如图 1-23 所示。

图 1-23

STEP 24 至此，人物绘制完成，按住 Ctrl+Enter 组合键预览绘制的人物，如图 1-24 所示。

图 1-24

【听我讲】

1.1 辅助绘图工具

在制作动画时，往往需要对某些对象进行精确定位，这时就要用到标尺、网格、辅助线这 3 种辅助工具。本节将对这三种工具的使用与设置进行介绍。

1.1.1 标尺

选择"视图"|"标尺"命令，或按 Ctrl + Alt + Shift + R 组合键，即可打开标尺，如图 1-25 所示。舞台的左上角是标尺的零起点，若再次选择"视图"|"标尺"命令或按相应的组合键，即可将其隐藏。

一般情况下，标尺的度量单位是像素，用户也可以根据使用习惯更改其度量单位。选择"修改"|"文档"命令，打开"文档设置"对话框，从中在"标尺单位"下拉列表中选择相应的单位即可，如图 1-26 所示。

图 1-25

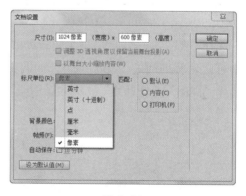

图 1-26

1.1.2 网格

选择"视图"|"网格"|"显示网格"命令，或按 Ctrl + '组合键，即可显示网格，如图 1-27 所示。若再次选择该命令，即可将网格隐藏。

选择"视图"|"网格"|"编辑网格"命令，或按 Ctrl + Alt + G 组合键，将打开如图 1-28 所示的"网格"对话框。在该对话框中可以对网格的颜色、间距和贴紧精确度等选项进行设置，以满足不同用户的需求。若选中"贴紧至网格"复选框，则可以沿着水平和垂直网格线紧贴网格绘制图形，即使在网格不可见时，同样可以紧贴网格线绘制图形。

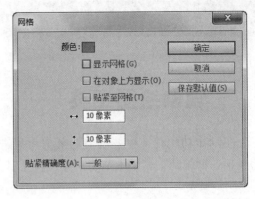

图 1—27　　　　　　　　　　　图 1—28

1.1.3　辅助线

　　使用辅助线可以对舞台中的对象进行位置规划、对各个对象的对齐和排列情况进行检查，还可以提供自动吸附功能。

　　使用辅助线之前，首先需要将标尺显示出来。选择"视图"|"辅助线"|"显示辅助线"命令，或按 Ctrl＋；组合键，可以显示或隐藏辅助线。在水平标尺或垂直标尺上按下鼠标并向舞台拖动，水平辅助线或垂直辅助线将会显示出来，辅助线的默认颜色为绿色，如图 1-29 所示。

　　选择"视图"|"辅助线"|"编辑辅助线"命令，将打开如图 1-30 所示"辅助线"对话框，从中可以对辅助线进行修改编辑，如调整辅助线颜色、锁定辅助线和贴紧至辅助线等。若选择"视图"|"辅助线"|"清除辅助线"命令，则可以从当前场景中删除所有的辅助线。

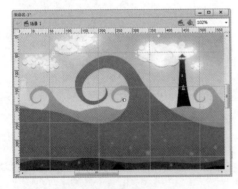

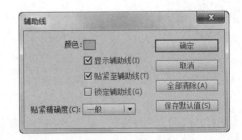

图 1—29　　　　　　　　　　　图 1—30

1.2　绘图工具

　　随着 Flash 的不断升级，它的绘图功能越来越强大，操作也更加便捷。下面将对 Flash 中绘图工具的特点与使用方法进行介绍。

1.2.1　钢笔工具

在 Flash CS6 中，钢笔工具  可以精确地绘制出平滑精致的直线和曲线。对于绘制完成的直线和曲线，可以通过调整线条上的节点来改变直线段和曲线段的样式。

选择工具箱中的钢笔工具 或者按下 P 键，即可调出钢笔工具。钢笔工具可以对绘制的图形进行非常精确地控制，并对绘制的节点、节点的方向点等进行很好的控制，因此，钢笔工具适合于喜欢精准设计的人员。如图 1-31、图 1-32 所示即为使用钢笔工具所绘制的图形。

图 1-31

图 1-32

1．画直线

选择钢笔工具后，每单击一下鼠标左键，就会产生一个锚点，并且同前一个锚点自动用直线连接；在绘制的同时，若按下 Shift 键，则将线段约束为 45°的倍数。

2．画曲线

钢笔工具最强的功能在于绘制曲线。添加新的线段时，在某一位置按下鼠标左键后不要松开，拖动鼠标，则新的锚点与前一锚点用曲线相连，并且显示控制曲率的切线控制点。

3．曲线点与转角点转换

若要将转角点转换为曲线点，使用"部分选取工具"选择该点，然后按住 Alt 键拖动该点来放置切线手柄；若要将曲线点转换为转角点，可用钢笔工具单击该点。

4．添加锚点

若要绘制更加复杂的曲线，则需要在曲线上添加一些节点。这时就要用到"添加锚点"工具。首先在钢笔工具组中选择该工具，之后笔尖对准要添加锚点的位置，指针的右上方出现一个加号标志，单击鼠标，则添加一个锚点。

5．删除锚点

删除锚点与添加锚点正好相反，选择删除锚点工具后，将笔尖对准要删除的节点，指针的下面出现一个减号标志，表示可以删除该点，单击鼠标即可删除。

6．转换锚点

选择转换锚点工具，可以转换曲线上的锚点类型。当光标变为 形状时，将鼠标移至曲线上需操作的锚点上，单击鼠标，该锚点两边的曲线将转换为直线，调整直线即可转换锚点。

设计妙招

要结束开放曲线的绘制，可以双击最后一个绘制的锚点或单击工具箱中的钢笔工具，也可以按住 Ctrl 键单击舞台中的任意位置；要结束闭合曲线的绘制，可以移动光标至起始锚点位置上，当光标显示为 形状时在该位置单击，即可闭合曲线并结束绘制操作。

1.2.2　线条工具

线条工具 是专门用来绘制直线的工具。使用方法为：选择工具箱中的线条工具，在舞台中按住鼠标左键并拖曳，当直线达到所需的长度和斜度时，释放鼠标即可。使用线条工具可以绘制出各种直线图形，并且可以设置直线的样式、粗细程度和颜色。

选择线条工具后，在其对应的"属性"面板中可以设置线条的属性，如图 1-33 所示。其中"属性"面板中各主要选项的含义如下。

图 1-33

(1) <span>：用于设置所绘线段的颜色。

(2) 笔触：用于设置线段的粗细。

(3) 样式：用于设置线段的样式。

(4) "编辑笔触样式"按钮：单击该按钮，将打开"笔触样式"对话框，从中可以对线条的粗细、类型等进行设置。

(5) 缩放：用于设置在 Player 中包含笔触缩放的类型。

(6) 提示：选中该复选框，可以将笔触锚记点保持为全像素，防止出现模糊线。

(7) 端点：用于设置线条端点的形状，包括"无""圆角"和"方形"。

(8) 接合：用于设置线条之间接合的形状，包括"尖角""圆角"和"斜角"。

设计妙招

在绘制直线时，按住 Shift 键可以绘制水平线、垂直线和 45° 斜线；按住 Alt 键，则可以绘制任意角度的直线。

1.2.3 铅笔工具

选择铅笔工具 ，在舞台上单击鼠标，按住鼠标不放并拖曳，即可绘制出线条。如果想要绘制平滑或者伸直的线条，可以在工具箱下方的选项区域中为铅笔工具选择一种绘画模式，如图 1-34 所示。

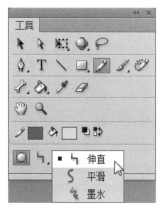

图 1—34

铅笔工具的 3 种绘图模式的含义分别介绍如下。

(1) 伸直 ：进行形状识别。如绘制出近似的正方形、圆、直线或曲线，Flash 将根据它的判断调整成规则的几何形状。

(2) 平滑 ：可以绘制平滑曲线。在"属性"面板可以设置平滑参数。

(3) 墨水 ：可较随意地绘制各类线条。这种模式不对笔触进行任何修改。

1.2.4 矩形工具与椭圆工具

在 Flash CS6 中，矩形工具组包括多种常见的几何图形绘制工具，例如矩形工具、椭圆工具、基本矩形工具和基本椭圆工具等。下面将对这些工具进行详细介绍。

1. 矩形工具

矩形工具 用来绘制长方形和正方形。选择工具箱中的矩形工具 ，或按 R 键，即可调用矩形工具。选择工具箱中的矩形工具，在舞台中单击鼠标左键并拖曳，当达到合适的位置时，释放鼠标即可绘制矩形。在绘制矩形的过程中，按住 Shift 键可以绘制正方形。

选择矩形工具，在其"属性"面板中可以设置矩形属性，例如填充和笔触等。在"矩形选项"区域中，可以设置矩形边角半径绘制圆角矩形，如图 1-35 所示。

图 1-35

2. 椭圆工具

椭圆工具 是用来绘制椭圆或者圆形的工具。恰当地使用椭圆工具，可以绘制出各式各样简单而又生动的图形。

选择工具箱中的椭圆工具或按住 O 键，即可调用椭圆工具。选择椭圆工具，在舞台中按住鼠标左键并拖曳，当椭圆达到所需形状及大小时，释放鼠标即可绘制椭圆。在绘制椭圆之前或在绘制过程中，按住 Shift 键可以绘制正圆。

在椭圆"属性"面板中，同样可以对椭圆的填充和笔触等进行设置。在"椭圆选项"区域中，可以设置椭圆的开始角度、结束角度和内径等，如图 1-36 所示。

图 1-36

在椭圆选项区域中，各选项的含义介绍如下。

(1) 开始角度和结束角度：用来绘制扇形以及其他有创意的图形。

(2) 内径：参数值由0到99，为0时绘制的是填充的椭圆；为99时绘制的是只有轮廓的椭圆；为中间值时，绘制的是内径大小不同的圆环。

(3) 闭合路径：确定图形的闭合与否。

(4) 重置：重置椭圆工具的所有控件，并将在舞台上绘制的椭圆形状恢复为原始大小和形状。

3. 基本矩形工具

基本矩形工具或基本椭圆工具和矩形工具或椭圆工具作用是一样的，但是前者在创建形状时与后者又有所不同，Flash CS6会将形状绘制为独立的对象。创建基本形状后，可以选择舞台上的形状，然后调整属性检查器中的控件来更改半径和尺寸。

在矩形工具组■上单击并按住鼠标左键，然后在弹出的菜单中选择基本矩形工具□，在舞台上拖动鼠标，即可绘制基本矩形。此时绘制的矩形有四个节点，用户直接拖动节点或在"属性"面板的矩形选项中设置参数，即可改变矩形的边角，如图1-37、图1-38所示。

图 1-37

图 1-38

使用选择工具选择基本矩形时，可在"属性"面板中进一步修改形状或指定填充和笔触颜色。

4. 基本椭圆工具

在矩形工具组■上单击并按住鼠标左键，然后在弹出的菜单中选择基本椭圆工具◯，在舞台上拖动基本椭圆工具，即可绘制基本椭圆；通过按住 Shift 键并拖动鼠标，释放鼠标即可绘制正圆。此时绘制的图形有节点，用户直接拖动节点或在"属性"面板的椭圆选项中设置参数，即可改变形状，如图1-39所示。

图 1-39

设计妙招

通过基本矩形工具和基本椭圆工具创建的图形可以通过打散（选中后按Ctrl+B组合键）得到普通矩形和椭圆。

1.2.5 多角星形工具

在矩形工具组■上单击并按住鼠标左键，然后在弹出的菜单中选择基本多角星形工具◎，直接在舞台上拖动多角星形工具，可创建图形。此时"属性"面板即显示多角星形的相关属性，可修改图形填充颜色和笔触等，如图 1-40 所示。

图 1-40

若单击"选项"按钮，则将打开如图 1-41 所示的"工具设置"对话框，在此可修改图形的形状。

在"工具设置"对话框中的"样式"下拉菜单中可选择多边形和星形，在"边数"文本框中可输入数据确定形状的边数。在选择星形样式时，可以通过改变星形顶点大小的数值来改变星形的形状，如图 1-42 所示。

图 1-41

图 1-42

设计妙招

星形顶点大小只针对星形样式，输入的数字越接近 0，创建的顶点就越深。若是绘制多边形，则一般保持默认设置。

1.2.6 刷子工具

在 Flash CS6 中，刷子工具和铅笔工具很相似，都可以绘制任意形状的图形，但不同的是刷子工具绘制的形状是色块，同时还可以创建一些具有一定笔触效果的特殊填充。

在工具箱中选择刷子工具✎，或者按下 B 键，即可调用刷子工具，其对应的属性面中，除了可以设置填充和笔触，还可以对绘制形状的平滑度进行设置。设置完成后，在舞台上拖动鼠标即可绘制需要的图形。

　　在刷子"工具"的选项区中，包括"对象绘制" ⬤ 、"锁定填充" 🔒 、"刷子模式" ⊖ 、"刷子大小" ● 和"刷子形状" ━ 5个功能按钮。单击"刷子模式"按钮，可以在弹出的下拉菜单中选择一种涂色模式；单击"刷子大小"按钮，可以在弹出的下拉菜单中选择刷子的大小；单击"刷子形状"按钮，可以在弹出的下拉菜单中选择刷子的形状，分别如图1-43、图1-44、图1-45所示。

图1-43

图1-44

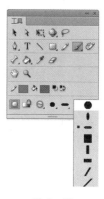

图1-45

　　在"刷子模式"下拉菜单中，各命令的含义如下。

　　(1) 标准绘画：使用该模式绘图，在笔刷所经过的地方，线条和填充全部被笔刷填充所覆盖。

　　(2) 颜料填充：使用该模式只能对填充部分或空白区域填充颜色，不会影响对象的轮廓。

　　(3) 后面绘画：使用该模式可以在舞台上同一层中的空白区域填充颜色，不会影响对象的轮廓和填充部分。

　　(4) 颜料选择：必须要先选择一个对象，然后使用刷子工具在该对象所占有的范围内填充(选择的对象必须是打散后的对象)。

　　(5) 内部绘画：该模式分为3种状态。当刷子工具的起点和结束点都在对象的范围以外时，刷子工具填充空白区域；当起点和结束点有一个在对象的填充部分以内时，则填充刷子工具所经过的填充部分(不会对轮廓产生影响)；当刷子工具的起点和结束点都在对象的填充部分以内时，则填充刷子工具所经过的填充部分。

1.2.7　喷涂刷工具

　　喷涂刷工具类似于一个粒子喷射器，使用它可以将图案喷涂在舞台上。在默认情况下，该工具将使用当前选定的填充颜色来喷射粒子点。同时该工具也可以将按钮元件、影片剪辑或图形元件作为图案应用。

　　在工具箱中选择喷涂刷工具 🖌 后，在"属性"面板中将显示喷涂刷工具的对应属性，如图 1-46 所示。从中进行简单的设置后，直接在舞台上单击鼠标左键，即可喷涂图案，如图 1-47 所示的飘雪效果。

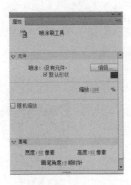

图 1-46

图 1-47

在喷涂刷属性面板中，各主要选项的含义介绍如下。

(1) 编辑：单击该按钮，弹出"选择元件"对话框，可从中选择元件或影片剪辑作为喷涂刷粒子。

(2) 缩放宽度和缩放高度：设置用作喷射粒子的元件的宽度和高度。

(3) 随机缩放：设置按随机缩放比例将每个基于元件的喷涂粒子放置在舞台上，并改变每个粒子的大小。

(4) 旋转元件：围绕中心点旋转基于元件的喷涂粒子。

(5) 随机旋转：设置按随机旋转角度将每个基于元件的喷涂粒子放置在舞台上。

1.2.8　Deco 工具

Deco 工具是一个装饰性绘画工具，用于创建复杂的几何图案或高级动画效果。随着版本的不断升级，该工具有了更进一步的改进，其新增了很多应用效果。同时用户也可以使用图形或对象来创建更为复杂的图案。

在选择 Deco 绘画工具后，可以从如图 1-48 所示"属性"面板中选择并应用刷子效果。

图 1-48

在 Flash CS6 中，使用 Deco 工具可以绘制藤蔓式填充效果、网格填充效果、对称刷子效果、3D 刷子效果、建筑物刷子效果、装饰性刷子效果、火焰动画效果、火焰刷子效果、花刷子效果、闪电刷子效果、粒子系统效果、烟动画效果、树刷子效果等 13 种图案。同时，每种效果都有其高级选项属性，用户可以通过改变高级选项参数来改变其显示效果，如图 1-49、图 1-50 所示分别为藤蔓式填充效果、树刷子效果。

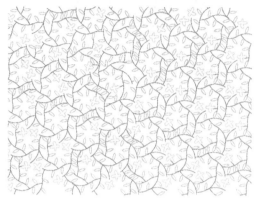

图 1-49

图 1-50

1.3　选择对象工具

在编辑图形之前，首先要选择图形。在 Flash CS6 中，提供了多种选择对象的工具，例如选择工具、部分选取工具和套索工具等。下面将对这几种常用的选择工具进行介绍。

1.3.1　选择工具

选择工具是最常用的一种工具。当用户要选择单个或多个整体对象时，包括形状、组、文字、实例和位图等，可以使用选择工具。

选择工具箱中的选择工具或者按 V 键，即可调用选择工具。

1. 选择单个对象

使用选择工具，在要选择的对象上单击鼠标左键即可。

2. 选择多个对象

先选取一个对象，按住 Shift 键不放，然后依次单击每个要选取的对象，如图 1-51 所示。如果在"首选参数"对话框中取消勾选"使用 Shift 键连续选择"复选框，则可以用鼠标依次单击每一个要选取的对象；或者在空白区域按住鼠标左键不放，拖曳出一个矩形范围，将要选择的对象都包含在矩形范围内，如图 1-52 所示。

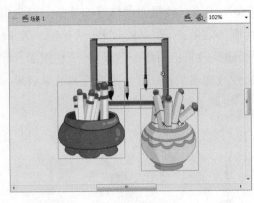
图 1-51

图 1-52

3．双击选择图形

使用选择工具，在对象上双击鼠标左键即可将其选中。若在线条上双击鼠标，则可以将颜色相同、粗细一致、连在一起的线条同时选中。

4．取消选择对象

若使用鼠标单击工作区的空白区域，则取消对所有对象的选择；若在已经选择的多个对象中取消对某个对象的选择，则可以先按住 Shift 键，再使用鼠标单击该对象即可。

5．移动对象

使用选择工具指向已经选择的对象时，鼠标指针变为形状，按下鼠标左键并拖曳，即可将对象拖到其他位置。

1.3.2　部分选取工具

部分选取工具用于选择矢量图形上的节点。例如，当要选择对象的节点，并对节点进行拖曳，或调整路径方向时，就可以使用部分选取工具。

选择工具箱中的部分选取工具或者按 A 键，即可调用部分选取工具。在使用部分选取工具时，不同的情况下鼠标的指针形状也不同。

(1) 当鼠标指针移到某个节点上时，鼠标指针变为形状，这时按住鼠标左键拖动可以改变该节点的位置。

(2) 当鼠标指针移到没有节点的曲线上时，鼠标指针变为形状，这时按住鼠标左键拖动可以移动整个图形的位置。

(3) 当鼠标指针移到节点的调节柄上时，鼠标指针变为形状，按住鼠标左键拖动可以调整与该节点相连的线段的弯曲程度。

1.3.3　套索工具

当要选择打散对象的某一部分时，可以使用套索工具，它主要用于选取不规则的物体。选择套索工具后，按住鼠标左键并拖曳，圈出要选择的范围，接着释放鼠标左键，Flash会自动选取套索工具圈定的封闭区域。当线条没有封闭时，Flash将用直线连接起点和终点，自动闭合曲线，如图1-53、图1-54所示。

图1-53　　　　　　　　　　　　　　　　　　图1-54

选择套索工具后，在工具栏的下方出现3个按钮，分别是"魔术棒"按钮、"魔术棒设置"按钮和"多边形模式"按钮。

(1)"魔术棒"按钮：该按钮主要用于对位图的操作。该按钮不但可以用于沿对象轮廓进行较大范围的选取，还可对色彩范围进行选取。

(2)"魔术棒设置"按钮：该按钮主要对魔术棒选取的色彩范围进行设置。单击该按钮，弹出"魔术棒设置"对话框，如图1-55所示。

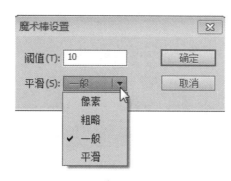

图1-55

绘图技巧

在上述对话框中，"阈值"用于定义选取范围内的颜色与单击处像素颜色的相近程度，数值和容差的范围成正比；"平滑"用于指定选取范围边缘的平滑度，包括像素、粗略、一般和平滑。

(3)"多边形模式"按钮：该按钮主要用于对不规则图形进行比较精确的选取。单击该按钮，套索工具进入多边形模式，每次单击鼠标就会确定一个端点，最后鼠标回到起始处双击，形成一个多边形，即选择的范围。

1.4 填充工具

在 Flash CS6 中，提供了多种填充颜色的工具，例如颜料桶工具、墨水瓶工具等。利用这些工具可以制作出丰富的填充效果。

1.4.1 颜料桶工具

颜料桶工具用于给工作区内有封闭区域的图形填色，无论是空白区域还是已有颜色的区域，都可以填充。如果进行恰当的设置，颜料桶工具还可以给一些没有完全封闭的图形区域填充颜色。

选择工具箱中的颜料桶工具或者按 K 键，即可调用颜料桶工具。此时，工具箱中的选项区中显示"锁定填充"按钮 和"空隙大小"按钮 。若单击"锁定填充"按钮 ，则当使用渐变填充或者位图填充时，可以将填充区域的颜色变化规律锁定，作为这一填充区域周围的色彩变化规范。

单击"空隙大小"按钮右下角的小三角形，在弹出的下拉菜单中包括用于设置空隙大小的 4 种模式，如图 1-56 所示。

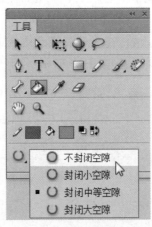

图 1-56

其中，各选项含义如下。

(1) 不封闭空隙：选择该命令，只填充完全闭合的区域。

(2) 封闭小空隙：选择该命令，可填充具有小缺口的区域。

(3) 封闭中等空隙：选择该命令，可填充具有中等缺口的区域。

(4) 封闭大空隙：选择该命令，可填充具有较大空隙的区域。

1.4.2 墨水瓶工具

墨水瓶工具的功能主要用于改变当前线条的颜色（不包括渐变和位图）、尺寸和线型等，或者为无线的填充增加线条。换句话说，墨水瓶工具用于为填充色描边，其中包括笔触颜色、笔触高度与笔触样式的设置。

选择工具箱中的墨水瓶工具 或者按 S 键，即可调用墨水瓶工具。墨水瓶工具只影响矢量图形。

1．为填充色描边

选择墨水瓶工具，在"属性"面板中设置笔触参数，舞台区域中鼠标变成墨水瓶的样子，在需要描边的填充色上方单击，即可为图形描边。如图 1-57、图 1-58 所示为描边前后的效果。

图 1-57

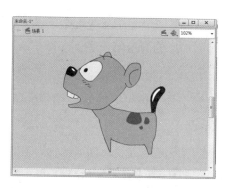

图 1-58

2．为文字描边

选择墨水瓶工具，在"属性"面板中设置笔触参数，在打散（按 Ctrl+B 组合键）的文字上方单击，即可为文字描边。如图 1-59、图 1-60 所示为描边前后的效果。

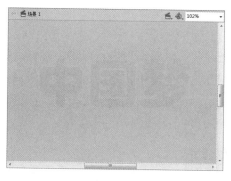

图 1-59

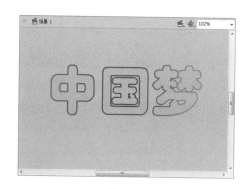

图 1-60

1.4.3　滴管工具

滴管工具 类似于格式刷工具，使用它可以从舞台中指定的位置拾取填充、位图、笔触等的颜色属性，并应用于其他对象上。在将吸取的渐变色应用于其他图形时，必须先取消"锁定填充"按钮 的选中状态，否则填充的将是单色。

选择工具箱中的滴管工具或按 I 键，即可调用滴管工具。

1. 提取填充色属性

选取滴管工具，当光标靠近填充色时单击，即可获得所选填充色的属性；此时光标变成墨水瓶的样子，如果单击另一个填充色，即可改变这个填充色的属性。

2. 提取线条属性

选择滴管工具，当光标靠近线条时单击，即可获得所选线条的属性；此时光标变成墨水瓶的样子，如果单击另一个线条，即可改变这个线条的属性。

3. 提取渐变填充色属性

选取滴管工具，在渐变填充色上方单击，提取渐变填充色，此时在另一个区域中单击，即可应用提取的渐变填充色。

4. 位图转换为填充色

滴管工具不但可以吸取位图中的某个颜色，而且可以将整幅图片作为元素，填充到图形中。

1.5　编辑图形对象

在 Flash 中，通过绘图工具绘制的图形有时并不能满足用户的需求，往往需要用到各种编辑工具对图形进行修改编辑，使图形更加完美，例如变形、旋转图形等。对图形进行变形操作，可以调整图形在设计区中的比例，或者协调其与其他设计区中的元素关系。

1.5.1　扭曲对象

任意变形工具是功能强大的编辑工具，利用它可以对图形进行倾斜、翻转、扭曲等操作。选择任意变形工具后，在工具箱下方会出现 5 个按钮，分别是"紧贴至对象"按钮、"旋转与倾斜"按钮、"缩放"按钮、"扭曲"按钮、"封套"按钮，如图 1-61 所示。

图 1-61

扭曲工具可以对图形进行扭曲变形，增强图形的透视效果。选择任意变形工具，单击"扭曲"按钮，当对选定对象进行扭曲变形，鼠标变为▷形状时，拖动边框上的角控制点或边控制点来移动角或边，如图 1-62、图 1-63 所示。

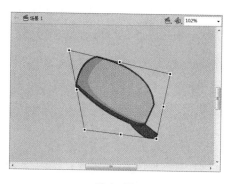

图 1-62   图 1-63

绘图技巧

在拖动角控制点时，若按住 Shift 键，鼠标变为 形状时，则可对对象进行锥化处理；若按住 Ctrl 键拖动边的中点，则可以任意移动整个边。扭曲变形工具只对在场景中绘制的图形有效，对位图和元件无效。

1.5.2 封套对象

封套变形工具可以对图形进行任意形状的修改，弥补了扭曲变形工具在某些局部无法达到的变形效果。

选中对象，选择任意变形工具，并单击"封套"按钮，在对象的四周会显示若干控制点和切线手柄，拖动这些控制点及切线手柄，即可对对象进行任意形状的修改。封套变形工具把图形"封"在里面，更改封套的形状会影响该封套内的对象的形状。用户可以通过调整封套的点和切线手柄来编辑封套形状，如图 1-64、图 1-65 所示。

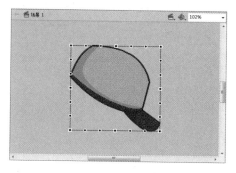

图 1-64

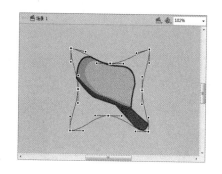

图 1-65

1.5.3 缩放对象

缩放工具可以在垂直或水平方向上缩放对象，还可以在垂直和水平方向上同时缩放。

选中要缩放的对象，选择工具面板中的"任意变形工具" ，单击"缩放"按钮 ，对象四周会显示控制点，拖动对象某条边上的中点可将对象进行垂直或水平的缩放，拖动某个角点，则可以使对象在垂直和水平方向上同时进行缩放，如图1-66、图1-67所示。

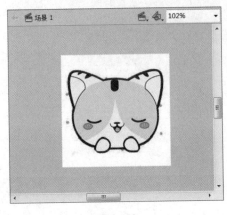 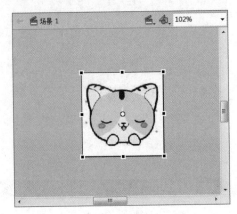

图1-66　　　　　　　　　　　　　　　　图1-67

1.5.4　旋转与倾斜对象

旋转与倾斜工具可以对对象进行旋转和倾斜操作。选中对象，选择"任意变形工具" ，单击"旋转与倾斜"按钮 ，对象四周会显示控制点，当鼠标指针移至任意一个角点上，鼠标指针变为 形状时，拖动鼠标即可对选中的对象进行旋转，如图1-68所示。当鼠标指针移至任意一边的中点上，鼠标指针变为 或 形状时，拖动鼠标即可对选中的对象进行垂直或水平方向的倾斜，如图1-69所示。

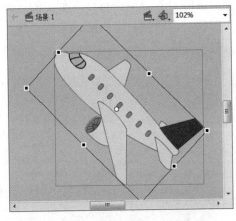 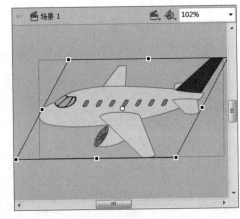

图1-68　　　　　　　　　　　　　　　　图1-69

1.5.5　翻转对象

使用Flash CS6制作图像时，用户可以通过菜单命令，使所选对象进行垂直或水平翻转，而不改变对象在舞台上的相对位置。

选择需要翻转的图形对象，选择"修改"|"变形"|"水平翻转"命令，即可将图形进行水平翻转。选择需要翻转的图形对象，选择"修改"|"变形"|"垂直翻转"命令，即可将图形进行垂直翻转。如图 1-70 所示为原图效果，而图 1-71、图 1-72 所示分别是将原图执行了水平翻转与垂直翻转操作后的效果。

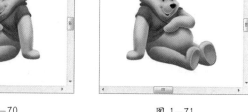

图 1-70   图 1-71   图 1-72

1.5.6　合并对象

在绘制矢量图形时，可以进行"对象绘制"。即使用椭圆工具、矩形工具和刷子工具绘图时，单击"对象绘制"按钮 ◯ ，就可以在工作区中进行对象绘制了。在 Flash CS6 中，可选择"修改"|"合并对象"菜单中的"联合""交集""打孔"等子命令，合并或改变现有对象来创建新形状。一般情况下，所选对象的堆叠顺序决定了操作的工作方式。

1．联合对象

选择"修改"|"合并对象"|"联合"命令，可以将两个或多个形状合成一个对象绘制图形。如图 1-73、图 1-74 所示为联合前后的效果。

图 1-73   图 1-74

2．交集对象

选择"修改"|"合并对象"|"交集"命令，可以将两个或多个形状重合的部分创建为新形状，生成的形状使用堆叠中最上面的形状的填充和笔触。如图 1-75、图 1-76 所示为交集对象前后的效果。

图 1-75

图 1-76

3. 打孔对象

选择"修改"|"合并对象"|"打孔"命令，可以删除所选对象的某些部分，这些部分由所选对象的重叠部分决定，如图1-77、图1-78所示。打孔命令，将删除由最上面形状覆盖的形状的任何部分，并完全删除最上面的形状。

图 1-77

图 1-78

4. 裁切对象

裁切命令与交集命令的效果比较相似，选择"修改"|"合并对象"|"裁切"命令，可以使用一个对象的形状裁切另一个对象。由上面的对象定义裁切区域的形状，如图1-79、图 1-80 所示。

图 1-79

图 1-80

设计妙招

　　交集命令与裁切命令比较类似，区别在于交集命令是保留上面的图形，裁切命令是保留下面的图形。

5. 删除封套

　　如果使用封套工具将绘制的图形变形，选择"修改"|"合并对象"|"删除封套"命令，可以将图形中使用的封套删除，如图 1-81、图 1-82 所示。需要注意的是，此选项只适用于对象绘制模式。

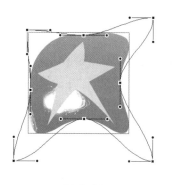

图 1-81

图 1-82

1.5.7　组合和分离对象

　　在制作 Flash 动画过程中，如果对多个元素进行移动或者变形等操作，可以将其进行组合，这样可以节省编辑的时间。

1. 组合对象

　　组合就是把构成图形对象的多个元素合成一个整体。使其与其他图形内容不互相干扰，以便于绘制或进行再编辑。

　　图形在组合后成为一个独立的整体，可以在舞台上任意拖动，而其中的图形内容及周围的图形内容不会发生改变。组合后的图形可以与其他图形或组再次组合，从而得到一个复杂的多层组合图形。同时，一个组合中可以包含多个组合及多层次的组合。

　　选择"修改"|"组合"命令，或者按 Ctrl+G 组合键即可将选择的对象进行组合。如图 1-83、图 1-84 所示为组合前后的效果。

　　如果需要对组中的单个对象进行编辑，可以通过"取消组合"命令或者按 Ctrl+Shift+G 组合键，将组对象进行解组。除此之外，还可以在对象上双击鼠标左键，进入该组的编辑状态。

图 1-83

图 1-84

2．分离对象

分离命令与组合命令的作用正好相反。它可以将已有的整体图形分离为可进行编辑的矢量图形，使用户可以对其再进行编辑。在制作变形动画时，需用分离命令将图形的组合、图像、文字或组件转变成图形。

选择"修改"|"分离"命令，或按 Ctrl+B 组合键，即可分离选择的对象，如图 1-85、图 1-86 所示为元件分离前后的效果。

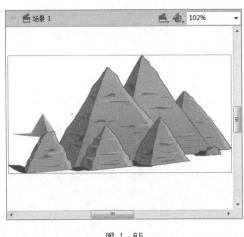
图 1-85

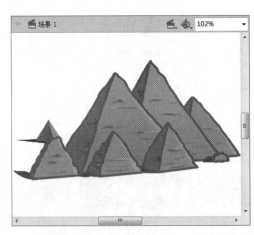
图 1-86

1.5.8　排列和对齐对象

在制作动画的过程中，将影片中的图形整齐排列、匀称分布，可以使画面的整体效果更加美观。下面将具体介绍如何使用排列和对齐命令对图形对象进行排列、对齐或层叠。

1．排列对象

在同一图层中，Flash 中的对象按照创建的先后顺序分别位于不同的层次出现在场景中，将最新创建的对象放在最上面。但用户可以在任何时候更改对象的层叠顺序。

选择"修改"|"排列"命令，在弹出的菜单中选择需要的选项，如图1-87所示，调整所选图形的排列顺序。

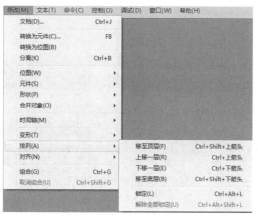

图 1-87

需要强调的是，对于画出来的线条和形状总是在组和元件的下面。如果需要将它们移动到上面，就必须组合它们或者将它们变成元件。

提示：调整图层顺序可改变图形的排列顺序。

图层也会影响层叠顺序，上层的任何内容都在底层的任何内容之前。要更改图层的顺序，可以在时间轴中将层名拖动到需要的位置。如图1-88、图1-89所示为调整图层位置前后的效果。

图 1-88

图 1-89

2. 对齐对象

在进行多个图形的位置移动时，选择"修改"|"对齐"命令菜单中的系列命令，如图1-90所示，调整所选图形的相对位置关系，可将杂乱分布的图形整齐排列在舞台中。

在进行对齐和分布操作时，用户还可以开启"对齐"面板，选择"窗口"|"对齐"命令或者按Ctrl+K组合键，即可打开"对齐"面板。

在选取图形后，单击面板中对应的功能按钮，完成对图形位置的相应调整。对齐工具不仅能够完成对齐，还可以对对象的间隔进行平均分布，使对象可任意对齐排列。

在如图 1-91 所示的"对齐"面板中，包括对齐、分布、匹配大小、间隔和与舞台对齐共 5 个功能区。

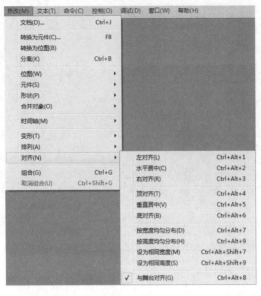

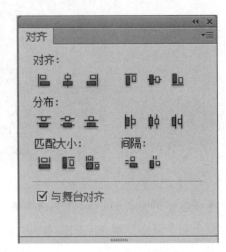

图 1-90   图 1-91

下面将分别介绍这 5 个功能区中各按钮的含义及应用。

1) 对齐

对齐是指按照某种方式来排列对齐对象。在该功能区中，包括左对齐、水平对齐、右对齐、顶对齐、垂直居中对齐和底对齐。

2) 分布

分布是指将舞台上间距不一的图形，均匀地分布在舞台中，使画面效果更加美观。在默认状态下，均匀分布图形将以所选图形的两端为基准，对其中的图形进行位置调整。

在该功能区中，包括顶部分布、垂直居中分布、底部分布、左侧分布、水平居中分布和右侧分布。

3) 匹配大小

在该功能区中，包括匹配宽度、匹配高度、匹配宽和高。可将选择的对象分别进行水平缩放、垂直缩放、等比例缩放，其中最左侧的对象是其他所选对象匹配的基准。

4) 间隔

间隔与分布有些相似，但是分布的间距标准是多个对象的同一侧，而间距则是相邻两对象的间距。在该功能区中，包括垂直平均间隔、水平平均间隔，可使选择的对象在垂直方向或水平方向的间隔距离相等。

5) 与舞台对齐

当勾选该复选框时，选择对象后，可使对齐、分布、匹配大小、间隔等操作以舞台为基准。在执行该操作时，对齐的边缘是由每个选定的对象外围边框决定的。

【自己练】

项目练习 1：绘制可爱小动物

效果如图 1-92 所示。

图 1-92

💻 绘制流程：

STEP 01 综合灵活地使用矩形工具和椭圆工具绘制动物的头部的大体结构。

STEP 02 使用鼠标拖曳，改变矩形和椭圆的形状，使其更加形象。

STEP 03 使用同样的方法绘制动物的身体。

STEP 04 使用颜料桶工具为绘制好的动物身体填充颜色。注意身体结构的上下层关系。

项目练习 2：绘制古装人物

效果如图 1-93 所示。

图 1-93

CHAPTER 01

🖥 **绘制流程：**

STEP 01 使用矩形和椭圆工具绘制人物的头像，接着绘制人物的五官。因为眼睛和耳朵是对称的，所以可以绘制一个再复制并粘贴，将其水平翻转。

STEP 02 使用矩形工具绘制人物的身体，使用颜料桶工具填充颜色。

STEP 03 使用矩形工具绘制人物的细节，绘制人物的帽子和手中的扇子。

STEP 04 调整人物的细节，即眼睛的高光、胡子、帽子和衣物的细节处理。

第2章

制作逐帧动画
——帧与图层详解

本章概述：

    时间轴和图层是 Flash 应用程序中最重要的两个概念。换个角度看，几乎所有动画的播放顺序、动作行为等都是在时间轴和图层中进行编排的。本章将通过一个逐帧动画的制作来对相关知识内容进行介绍。通过对这些内容的学习，读者不仅可以熟悉时间轴面板的应用方法，还能掌握帧与图层的操作技巧。

要点难点：

    时间轴和帧　★☆☆

    帧的操作　★★☆

    图层的管理　★★☆

    逐帧动画　★★★

案例预览：

【跟我学】 设计卡通人物散步动画

案例描述

这里将以人物走路动画的制作为例，对逐帧动画的知识进行介绍。通过学习该案例，读者可以熟悉 Flash 中的时间轴和帧的概念，掌握图层以及帧的使用方法。

制作过程

STEP 01 新建一个 Flash 文档，设置文档属性，舞台尺寸为宽度 550 像素、高度 400 像素，设置帧频为 24，如图 2-1 所示。

图 2-1

STEP 02 打开第 1 章绘制的卡通人物，作为素材复制并粘贴至新建的文档中，如图 2-2 所示。

图 2-2

STEP 03 选择舞台上的卡通人物，按下 F8 键将其转化为图形元件，如图 2-3 所示。

图 2-3

STEP 04 使用鼠标拖曳，将人物的腿和胳膊调整至人物走路的姿势，如图 2-4 所示。

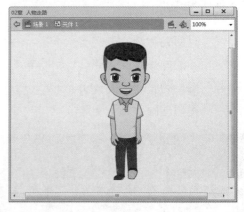

图 2-4

STEP 05 在时间轴上，在图层 1 的上方新建图层 2，如图 2-5 所示。

STEP 06 使用线条工具，绘制红色辅助线，一条为水平线。由于走路时，人物的高度随脚步发生变化，所以在头部绘制三条直线，来确定人物的高度，如图 2-6 所示。

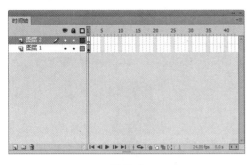

图 2-5

图 2-6

STEP 07 在图层 1 的第 3 帧处，按下 F6 键将其转化为关键帧。在图层 2 的第 3 帧处按下 F5 键添加普通帧，如图 2-7 所示。

图 2-7

STEP 08 选择图层 1 的第 3 帧，在舞台上调整人物的走路姿势，如图 2-8 所示。

STEP 09 在图层 1 的第 5 帧处，插入关键帧。在图层 2 的第 5 帧处按下 F5 键添加普通帧，如图 2-9 所示。

STEP 10 选择图层 1 的第 5 帧，在舞台上调整人物的走路姿势，如图 2-10 所示。

图 2-8

图 2-9

图 2-10

STEP 11 在图层 1 的第 7 帧处，插入关键帧。在图层 2 的第 7 帧处按下 F5 键添加普通帧，如图 2-11 所示。

STEP 12 选择图层 1 的第 7 帧，在舞台上调整人物的走路姿势，如图 2-12 所示。

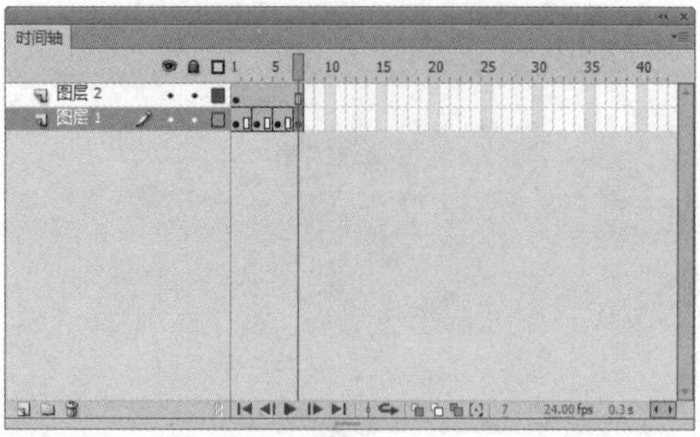

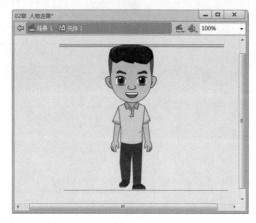

图 2—11

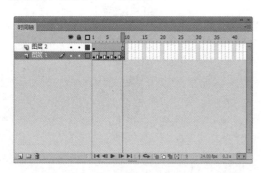

图 2—12

STEP 13 在图层 1 的第 9 帧处，插入关键帧。在图层 2 的第 9 帧处按下 F5 键添加普通帧，如图 2-13 所示。

图 2—13

STEP 14 选择图层 1 的第 9 帧，在舞台上调整人物的走路姿势，如图 2-14 所示。

STEP 15 在图层 1 的第 11 帧处，插入关键帧。在图层 2 的第 11 帧处按下 F5 键添加普通帧，如图 2-15 所示。

STEP 16 选择图层 1 的第 11 帧，在舞

台上调整人物的走路姿势，如图 2-16 所示。

图 2—14

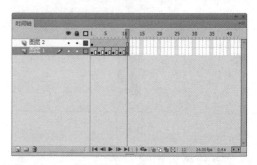

图 2—15

图 2—16

STEP 17 在图层 1 的第 13 帧处，插入关键帧。在图层 2 的第 13 帧处按下 F5 键添加普通帧，如图 2-17 所示。

STEP 18 选择图层 1 的第 13 帧，在舞台上调整人物的走路姿势，如图 2-18 所示。

CHAPTER 01

CHAPTER 02

CHAPTER 03

CHAPTER 04

CHAPTER 05

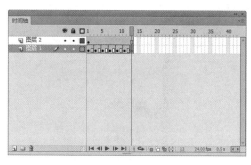

图 2—17

图 2—18

STEP 19 在图层 1 的第 15 帧处，插入关键帧。在图层 2 的第 15 帧处按下 F5 键添加普通帧，如图 2-19 所示。

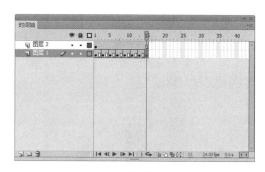

图 2—19

STEP 20 选择图层 1 的第 15 帧，在舞台上调整人物的走路姿势，如图 2-20 所示。

STEP 21 在图层 1 的第 17 帧处，插入关键帧。在图层 2 的第 17 帧处按下 F5 键添加普通帧，如图 2-21 所示。

STEP 22 选择图层 1 的第 17 帧，在舞

台上调整人物的走路姿势，如图 2-22 所示。

图 2—20

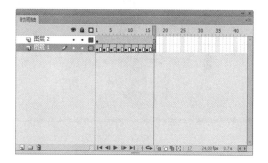

图 2—21

图 2—22

STEP 23 在图层 1 的第 19 帧处，插入关键帧。在图层 2 的第 19 帧处按下 F5 键添加普通帧，如图 2-23 所示。

STEP 24 选择图层 1 的第 19 帧，在舞台上调整人物的走路姿势，如图 2-24 所示。

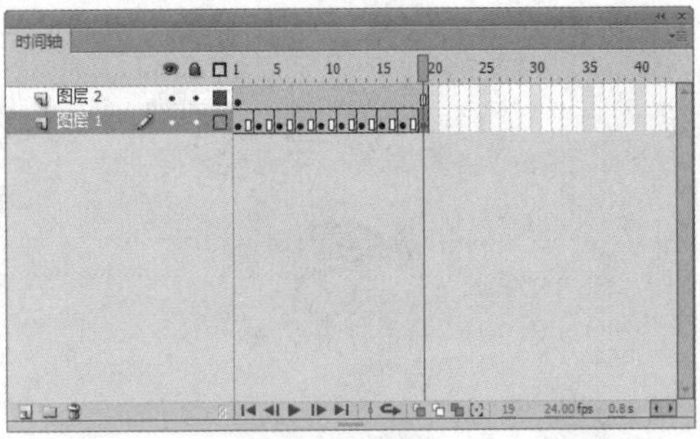

图 2-23

图 2-24

STEP 25 在图层 1 的第 21 帧处，插入关键帧。在图层 2 的第 21 帧处按下 F5 键添加普通帧，如图 2-25 所示。

图 2-26

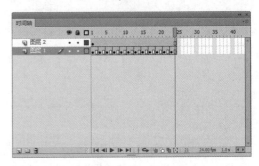

图 2-27

图 2-25

STEP 26 选择图层 1 的第 21 帧，在舞台上调整人物的走路姿势，如图 2-26 所示。

STEP 27 在图层 1 的第 23 帧处，插入关键帧，在第 24 帧处插入普通帧。在图层 2 的第 24 帧处按下 F5 键添加普通帧，如图 2-27 所示。

STEP 28 选择图层 1 的第 23 帧，在舞台上调整人物的走路姿势，如图 2-28 所示。

图 2-28

STEP 29 选择图层 2，因为该图层为红色辅助线，所以右击鼠标选择"删除图层"命令，将图层 2 删除，如图 2-29 所示。

STEP 30 返回场景 1，在时间轴上图层 1 的下方新建图层 2，如图 2-30 所示。

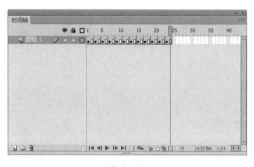

图 2-29

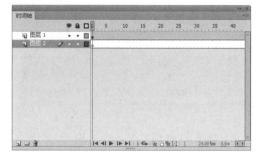

图 2-30

STEP 31 选择图层 1，单击图层上"小眼睛"对应的按钮，隐藏图层 1 的内容，方便制作，如图 2-31 所示。

图 2-31

STEP 32 选择图层 2，使用矩形工具绘制一个矩形在舞台下方，作为地面，使用鼠标调整矩形形状，将矩形的上方线条向内弯曲，如图 2-32 所示。

STEP 33 选择颜料桶工具，在属性面板设置颜色属性为线性渐变。颜色为由 #9EB6C9 到 #DEE7EF 再到 #E7E7EF 的线性渐变，如图 2-33 所示。

STEP 34 使用矩形工具在地面的下方绘

制一个矩形，颜色为由天蓝色到白色的渐变，作为天空，如图 2-34 所示。

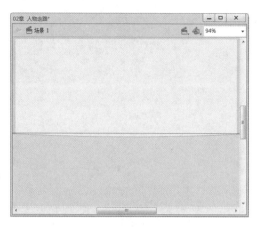

图 2-32

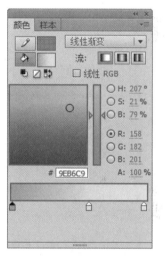

图 2-33

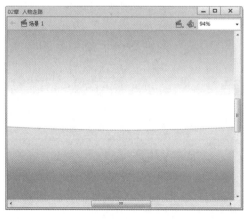

图 2-34

STEP 35 使用铅笔工具，在天空中绘制一些云朵，并使用颜料桶工具为云彩填充颜色，如图2-35所示。

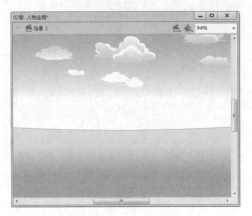

图2-35

STEP 36 使用铅笔工具绘制一些楼房的剪影，作为远景。复制绘制好的楼房剪影，分别放置在舞台的左右两侧，如图2-36所示。

图2-36

STEP 37 选择舞台上绘制好的场景，按下F8键将其转化为图形元件，如图2-37所示。

图2-37

STEP 38 使用矩形工具在舞台的右侧绘制路牙石，将其颜色设置为黄色，并将其转化为图形元件，如图2-38所示。

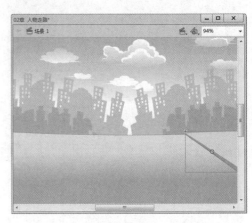

图2-38

STEP 39 选择绘制好的路牙石并复制一个，执行"修改"|"变形"|"水平翻转"命令。将复制出的路牙石放置在舞台的左侧，如图2-39所示。

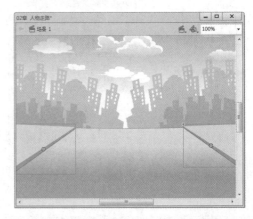

图2-39

STEP 40 使用铅笔工具在舞台上绘制一个路灯，并使用颜料桶工具为路灯填充颜色。将绘制好的路灯转化为图形元件，如图2-40所示。

STEP 41 选择绘制好的路灯，并复制3个，使用任意变形工具，将复制出的路灯改变大小，整齐地放置在马路左侧，如图2-41所示。

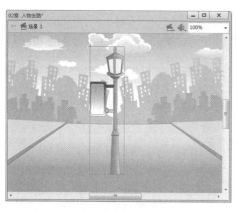

图 2-40

图 2-41

STEP 42 选择所有的路灯，按下 F8 键将其转化为图形元件，双击路灯进入元件的编辑区。选择所有的路灯，按下 Ctrl+Shift+D 组合键，分别将 4 个路灯分散至各个图层，如图 2-42 所示。

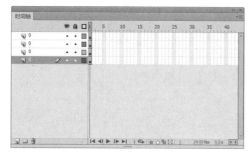

图 2-42

STEP 43 在时间轴上的第 150 帧处插入关键帧，将舞台上的 4 个路灯使用任意变形工具缩小至下图位置，如图 2-43 所示。

图 2-43

STEP 44 在时间轴上，选择 4 个图层，在第 1~150 帧之间的任意一帧处右击鼠标，选择"创建传统补间动画"命令，如图 2-44 所示。

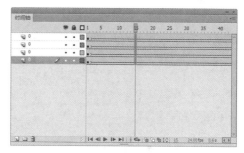

图 2-44

STEP 45 返回场景 1，复制 4 个路灯，执行"修改"|"变形"|"水平翻转"命令。将复制出的路灯放置在舞台右侧，使其左右对称，如图 2-45 所示。

图 2-45

STEP 46 选择图层 2 上的场景，按下 F8 键将其转化为图形元件，双击场景进入元件的编辑区。按下 Ctrl+Shift+D 组合键，分别将场景中的内容分散至各个图层，如图 2-46 所示。

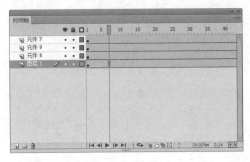

图 2-46

STEP 47 选择最下面的图层，在时间轴的第 150 帧处插入关键帧。在其他图层的第 150 帧处插入普通帧，如图 2-47 所示。

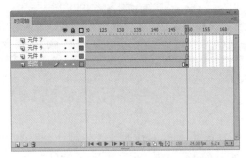

图 2-47

STEP 48 选择最后一个图层的第 150 帧，使用任意变形工具将背景缩小，在第 1~150 帧之间创建传统补间动画，如图 2-48 所示。

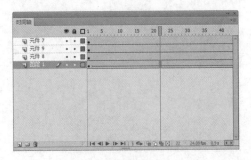

图 2-48

STEP 49 返回场景 1，在图层 1 和图层 2 的第 150 帧处添加普通帧，如图 2-49 所示。

图 2-49

STEP 50 选择图层 1，将其上面的"小眼睛"按钮点开，显示图层 1 的内容。调整人物走路的位置，放置在舞台中间。至此逐帧动画制作完成，如图 2-50 所示。

图 2-50

【听我讲】

2.1 时间轴和帧

在 Flash 文档中，时间轴和帧是非常关键的内容，因为它们决定着帧对象的播放顺序。为了使读者更好地掌握上述概念，下面将对时间轴和帧的相关知识进行详细介绍。

2.1.1 时间轴概述

时间轴是创建 Flash 动画的核心部分，用于组织和控制一定时间内的图层和帧中的文档内容。图层就像堆叠在一起的多张幻灯胶片一样，每个图层都包含一个显示在舞台中的不同图像。图层和帧中的图像、文字等对象随着时间的变化而变化，从而形成动画。

当启动 Flash CS6 后，若工作界面中没能看到时间轴面板，则可以通过选择"窗口"|"时间轴"命令，或按 Ctrl+Alt+T 组合键打开"时间轴"面板，如图 2-51 所示。

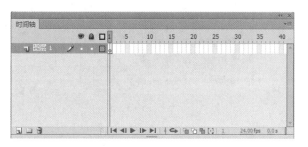

图 2-51

从图 2-51 可以看出，时间轴由图层、帧标尺、播放指针、帧等组成。其中，各组成部分的含义介绍如下。

(1) 图层：可以在不同的图层中放置相应的对象，从而产生层次丰富、变化多样的动画效果。

(2) 帧标尺：用于显示时间轴中的帧所使用时间长度的标尺，每一格表示一帧。

(3) 播放指针：用于指示当前在舞台中显示的帧。

(4) 帧：是 Flash 动画的基本单位，代表不同的时刻。

(5) 帧频率：用于指示当前动画每秒钟播放的帧数。

(6) 运行时间：用于指示播放到当前位置所需的时间。

2.1.2 帧的类型、显示状态、帧频

帧是构成动画的基本单位，对动画的操作实质上是对帧的操作。在 Flash 中，一帧就是一幅静止的画面，画面中的内容在不同的帧中产生如大小、位置、形状等的变化，再

以一定的速度从左到右播放时间轴中的帧，连续的帧就形成动画。

通常所说的帧率，就是在 1 秒钟时间里传输的图片的帧数，通常用 fps(frames per second) 表示。设置为高的帧率可以得到更流畅、更逼真的动画。

1．帧的类型

在 Flash 中，帧主要分为 3 种：普通帧、关键帧和空白关键帧。其中各类型介绍如下。

(1) 关键帧：关键帧是指在动画播放过程中，呈现关键性动作或内容变化的帧。关键帧定义了动画的变化环节。在时间轴中，关键帧以一个实心的小黑点来表示。

(2) 普通帧：普通帧一般处于关键帧后方，其作用是延长关键帧中动画的播放时间。一个关键帧后的普通帧越多，该关键帧的播放时间越长。普通帧以灰色方格来表示。

(3) 空白关键帧：空白关键帧在时间轴中以一个空心圆表示，该关键帧中没有任何内容。如果在其中添加内容，则转变为关键帧。

2．设置帧的显示状态

单击时间轴右上角的黑三角按钮 ，在弹出的下拉菜单中选择相应的命令 (见图 2-52)，即可改变帧的显示状态，如图 2-53 所示。

图 2-52

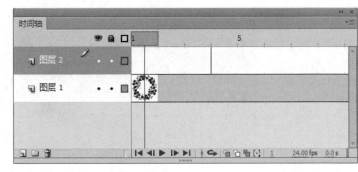

图 2-53

其中，该菜单中主要选项的含义如下。

- 很小、小、标准、中、大：用于设置帧单元格的大小。
- 预览：表示以缩略图的形式显示每帧的状态。
- 关联预览：显示对象在各帧中的位置，有利于观察对象在整个动画过程中的位置变化。
- 较短：缩小帧单元格的高度。
- 彩色显示帧：该命令是系统默认的选项，用于设置帧的外观以不同的颜色显示。若取消对该选项的勾选，则所有的帧都以白色显示。

3．设置帧频

帧频就是单位时间内播放的帧数。例如 Flash 的帧频为 12 帧 / 秒，表示 1 秒钟播放 12 帧的影片内容。帧频太慢会使动画看起来一顿一顿的，帧频太快会使动画的细节变得模糊。默认情况下，Flash 文档的帧速率是 24 帧 / 秒。

在 Flash CS6 中，可以通过以下几种方法设置帧频。

方法 1：在时间轴底部的"帧频率"标签上单击，在文本框中直接输入帧频。

方法 2：在"文档设置"对话框的"帧频"文本框中直接设置帧频，如图 2-54 所示。

方法 3：在"属性"面板的"帧频"文本框中直接输入帧的频率，如图 2-55 所示。

图 2-54

图 2-55

2.2　帧

Flash 动画是由一些连续不断的帧所组成的，要使动画真正动起来，还需要掌握帧的基本操作。编辑帧的基本操作包括选择帧、插入帧、复制帧、移动帧、翻转帧、删除和清除帧等。

2.2.1　选择帧

如果要对帧进行编辑，首先要选择帧。根据选择范围的不同，在 Flash CS6 中，帧的选择有以下几种情况。

(1) 若要选中单个帧，只需在时间轴上单击帧所在位置即可，如图 2-56 所示。

(2) 若要选择连续的多个帧，可以按住鼠标左键直接拖动帧格范围，或者先选择第一帧，然后在按住 Shift 键的同时单击最后一帧即可，如图 2-57 所示。

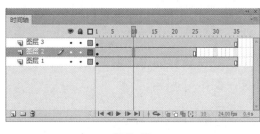

图 2-56

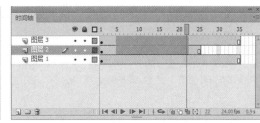

图 2-57

(3) 若要选择不连续的多个帧，只需按住 Ctrl 键，依次单击要选择的帧即可，如图 2-58 所示。

(4) 若要选择所有的帧，只需选择某一帧后单击鼠标右键，在弹出的快捷菜单中选择"选择所有帧"命令即可，如图 2-59 所示。

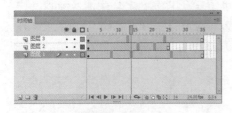 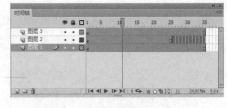

图 2-58   图 2-59

2.2.2 插入帧

在编辑动画过程中，根据动画制作的需要，用户可以任意插入普通帧、关键帧和空白关键帧。

1．插入普通帧

插入普通帧的方法非常简单，主要包括以下几种。

(1) 在需要插入帧的位置单击鼠标右键，在弹出的快捷菜单中选择"插入帧"命令。

(2) 在需要插入帧的位置单击鼠标，选择"插入"|"时间轴"|"帧"命令。

(3) 直接按 F5 键。

2．插入关键帧

插入关键帧主要有以下几种方法。

(1) 在需要插入关键帧的位置单击鼠标右键，在弹出的快捷菜单中选择"插入关键帧"命令。

(2) 在需要插入关键帧的位置单击鼠标，在快捷菜单中选择"插入"|"时间轴"|"关键帧"命令。

(3) 直接按 F6 键。

3．插入空白关键帧

插入空白关键帧主要有以下几种方法。

(1) 在需要插入空白关键帧的位置单击鼠标右键，在弹出的快捷菜单中选择"插入空白关键帧"命令。

(2) 如果前一个关键帧中有内容，在需要插入空白关键帧的位置单击鼠标，选择"插入"|"时间轴"|"空白关键帧"命令，如图 2-60、图 2-61 所示。

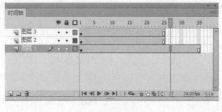 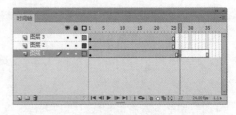

图 2-60   图 2-61

(3) 如果前一个关键帧中没有内容，直接插入关键帧即可得到空白关键帧。

(4) 直接按 F7 键。

2.2.3 复制帧

在制作动画的过程中，有时需要用到一些相同的帧，如果对帧进行复制粘贴操作可以得到内容完全相同的帧，从而提高工作效率。在 Flash CS6 中，复制帧的方法主要有以下两种。

(1) 选中要复制的帧，然后按 Alt 键将其拖动到要复制的位置。

(2) 选中要复制的帧，然后单击鼠标右键，在弹出的快捷菜单中选择"复制帧"命令，然后用鼠标右键单击目标帧，在弹出的快捷菜单中选择"粘贴帧"命令。如图 2-62、图 2-63 所示为复制帧前后的效果对比。

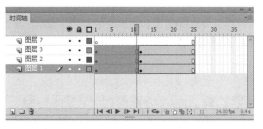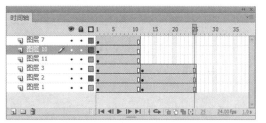

图 2-62   图 2-63

2.2.4 移动帧

在动画制作过程中，有时会需要对时间轴上的帧进行调整分配，将已经存在的帧移动到新位置的方法主要有以下两种。

(1) 选中要移动的帧，然后按住鼠标左键将其拖动到目标位置即可，如图 2-64、图 2-65 所示。

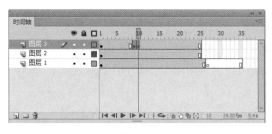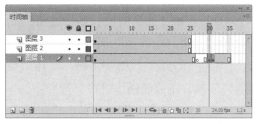

图 2-64   图 2-65

(2) 选择要移动的帧，然后单击鼠标右键，在弹出的快捷菜单中选择"剪切帧"命令，然后在目标位置再次单击鼠标右键，在弹出的快捷菜单中选择"粘贴帧"命令。

2.2.5 翻转帧

翻转帧的功能可以将选中的帧的播放序列进行颠倒，即最后一个关键帧变为第一个关键帧，第一个关键帧变为最后一个关键帧。应首先选择时间轴中的某一图层上的所有帧（该图层上至少包含有两个关键帧，且位于帧序的开始和结束位置）或多个帧，然后使用以下任意一种方法即可完成翻转帧的操作。

(1) 选择"修改"｜"时间轴"｜"翻转帧"命令。

(2) 在选择的帧上单击鼠标右键，在弹出的快捷菜单中选择"翻转帧"命令。

2.2.6 删除和清除帧

在制作动画的过程中，若发现文档中所创建的帧是错误的或者是无意义的，则可以将其删除。

在 Flash CS6 中，选择要删除的帧，单击鼠标右键，在弹出的快捷菜单中选择"删除帧"命令或按 Shift+F5 组合键即可删除。

清除帧就是清除关键帧中的内容，但是保留帧所在的位置，即转换为空白帧。选择需要清除的帧，单击鼠标右键，在弹出的快捷菜单中选择"清除帧"命令即可。清除关键帧可以将选中的关键帧转化为普通帧，如图 2-66、图 2-67 所示。

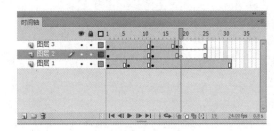

图 2-66

图 2-67

2.3 图层

在 Flash 中，图层就像一张张透明的纸，在每一张纸上可以绘制不同的对象。在上面一层添加的内容会遮住下面一层中相同位置的内容。但如果上面一层的某个区域没有内容，透过这个区域可以看到下面一层相同位置的内容。下面将对图层的创建、命名、选择、删除、复制、排列等操作进行详细介绍。

2.3.1 创建图层

一个新建的 Flash 文档，在默认的情况下只有一个图层即"图层 1"。如果需要添加新的图层，只需要单击图层编辑区中的新建图层按钮，或者选择"插入"｜"时间轴"｜"图层"命令创建新图层。默认情况下，新创建的图层将按照图层 1、图层 2、图层 3……进行顺序命名，如图 2-68 所示。

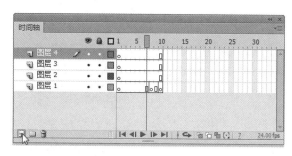

图 2-68

设计技巧

在"图层"编辑区选择已有的图层，单击鼠标右键，在弹出的快捷菜单中选择"插入图层"命令也可以创建图层。

2.3.2 选择图层

要编辑图层，首先要选取图层。用户可以根据需要选择单个图层，也可以选择多个图层，其具体方法介绍如下。

1. 选择单个图层

选择单个图层有以下 3 种方法。

(1) 在时间轴的"图层查看"区中单击图层，即可将其选择。

(2) 在时间轴的"帧查看"区的帧格上单击，即可选择该帧所对应的图层。

(3) 在舞台上单击要选择图层中所含的对象，即可选择该图层。

2. 选择多个图层

若需要选择多个相邻的图层，则应按住 Shift 键的同时选择图层，如图 2-69 所示；若需要选择不相邻的图层，则应在按住 Ctrl 键的同时选择图层，如图 2-70 所示。

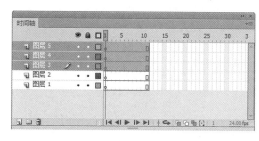

图 2-69

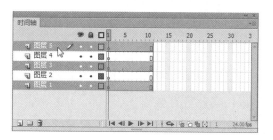

图 2-70

2.3.3 重命名图层

为了便于识别每个图层放置的内容，用户可以为各图层进行重命名。选择图层，在图层名称上双击鼠标左键，使其名称进入编辑状态，如图 2-71 所示。接着在文本框中输入新名称，最后按 Enter 键确认即可，如图 2-72 所示。

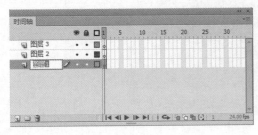
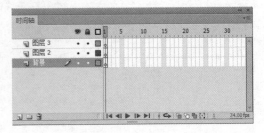

图 2-71   图 2-72

2.3.4 删除图层

对于不需要的图层，用户可以将其删除。

首先选择要删除的图层，然后单击鼠标右键，在弹出的快捷菜单中选择"删除图层"命令即可，如图 2-73 所示。

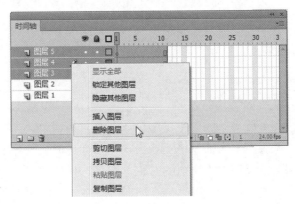

图 2-73

或者，选择要删除的图层，然后单击图层编辑区中的"删除"按钮，即可将选择的图层删除。

2.3.5 管理图层

本节将对图层的管理操作进行详解介绍。

1. 设置图层属性

在 Flash 中每个图层都是相互独立的，拥有自己的时间轴和帧，用户可以在一个图层上任意修改图层内容，而不会影响其他图层。用户可以对图层的属性进行设置，例如图层的名称、类型、轮廓颜色和图层高度等。

首先选中图层并右击，在弹出的快捷菜单中选择"图层属性"命令，随后将弹出"图层属性"对话框，如图 2-74 所示。

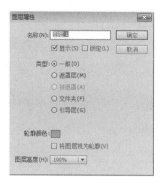

图 2-74

在该对话框中，各选项的含义介绍如下。

● 名称：用于设置图层的名称。

● 显示：若取消该复选框，则可以隐藏图层；若勾选该复选框，则显示图层。

● 锁定：若取消该复选框，则可以解锁图层；若勾选该复选框，则锁定图层。

● 类型：用于设置图层的相应属性，其中包括一般、遮罩层、被遮罩、文件夹和引导层。

● 轮廓颜色：用于设置该图层对象的边框颜色。

● 将图层视为轮廓：若选中该复选框，则可以使该图层中的对象以线框模式显示。

● 图层高度：用于设置图层的高度。

2. 调整图层顺序

在 Flash 中，上层图层的内容会遮住下层图层的内容，下层图层内容只能通过上层图层透明的区域显示出来，因此，有时需要调整图层的排列顺序。

选择需要移动的图层，按住鼠标左键并拖动，图层以一条粗横线表示，拖动图层到相应的位置后释放鼠标，即可将图层拖动到新的位置，调整前后的效果分别如图 2-75、图 2-76 所示。

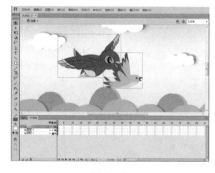

图 2-75

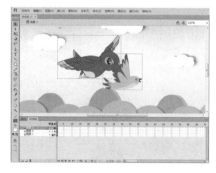

图 2-76

3. 显示与隐藏图层

在制作动画时，当舞台上的对象太多时，为了避免错误操作，可以将其他不需要编辑的图层隐藏起来，这样舞台会显得更有条理，操作起来更加方便明了。在隐藏状态下

Adobe Flash CS6
动画设计与制作案例技能实训教程

CHAPTER 01

CHAPTER 02

CHAPTER 03

CHAPTER 04

CHAPTER 05

的图层不可见也不能被编辑，完成编辑后再将其他图层显示出来。

隐藏／显示图层的具体方法：单击图层名称右侧的隐藏栏即可隐藏图层，隐藏的图层上将标记一个✕符号，再次单击隐藏栏则显示图层，如图 2-77 所示。

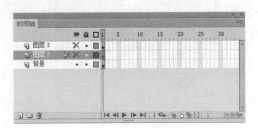

图 2-77

4．锁定图层

为了防止不小心修改已经编辑好的图层内容，可锁定该图层。图层被锁定后不能对其进行编辑。

选定要锁定的图层，单击图层名称右侧的锁定栏即可锁定图层，锁定的图层上将标记一个🔒符号，再次单击该层中的🔒图标即可解锁，如图 2-78 所示。

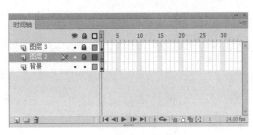

图 2-78

5．显示图层的轮廓

当某个图层中的对象被另外一个图层中的对象所遮盖时，可以使遮盖层处于轮廓显示状态，以便对当前图层进行编辑。图层处于轮廓显示时，舞台中的对象只显示其外轮廓。

单击图层中的"轮廓显示"按钮█，可以使该图层中的对象以轮廓方式显示，如图 2-79 所示。再次单击该按钮，可恢复图层中对象的正常显示，如图 2-80 所示。

图 2-79

图 2-80

2.4　逐帧动画

　　逐帧动画主要由若干关键帧组成，整个动画就是通过关键帧的不断变化而产生的。在制作动画时，设计者需要对每一帧的内容进行绘制，因此其工作量较大，但产生的动画效果非常逼真，多用来制作复杂动画，因此逐帧动画对设计者的绘图技巧有较高的要求。

　　逐帧动画在每一帧中都会更改舞台内容，它最适合于图像在每一帧中都在变化而不仅是在舞台上移动的复杂动画。逐帧动画增加文件大小的速度比补间动画快得多。在逐帧动画中，Flash 会存储每个完整帧的值。

2.4.1　逐帧动画的特点

　　逐帧动画通过一帧帧地绘制，并按先后顺序排列在时间轴上，通过顺序播放达到动画效果，适合制作相邻关键帧中对象变化不大的动画。

　　逐帧动画具有如下几个特点。

- 逐帧动画会占用较大的内存，因此文件很大。
- 逐帧动画由许多单个的关键帧组合而成，每个关键帧均可独立编辑，且相邻关键帧中的对象变化不大。
- 逐帧动画具有非常大的灵活性，几乎可以表达任何形式的动画。
- 逐帧动画分解的帧越多，动作就会越流畅；适合于制作特别复杂及要求细节的动画。
- 逐帧动画中的每一帧都是关键帧，每一帧的内容都要进行手动编辑，工作量很大，这也是传统动画的制作方式。

　　在 Flash CS6 中，用户可以通过导入 JPEG、PNG、GIF 等格式的图像创建逐帧动画。导入 GIF 格式的图片与导入同一序列的 JPEG 格式的位图类似，如图 2-81 所示，只需将 GIF 格式的图像直接导入到舞台，即可在舞台上直接生成动画。

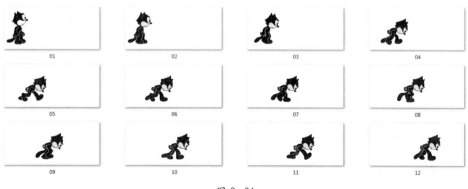

图 2-81

2.4.2　逐帧动画的设计

　　制作逐帧动画主要是在制作动画中创建逐帧动画中每一帧的内容，这项工作是在

Flash 内部完成的。

绘制逐帧动画的创作方法主要有以下几种。

(1) 绘制矢量逐帧动画。用绘图工具在场景中一帧帧地画出帧内容,如图 2-82、图 2-83 所示。

图 2-82　　　　　　　　　　　图 2-83

(2) 文字逐帧动画。使用文字作为帧中的元件,实现文字跳跃、旋转等特效,如图 2-84、图 2-85 所示。

图 2-84　　　　　　　　　　　图 2-85

(3) 指令逐帧动画。在时间轴面板上,逐帧写入动作脚本语句来完成元件的变化。

【自己练】

项目练习 1：制作人物跑步

效果如图 2-86 所示。

图 2—86

💻 制作流程：

STEP 01 使用铅笔工具绘制人物的跑步姿势。使用颜料桶工具填充颜色。为了方便制作，人物的各个部分分成一组，单独绘制。

STEP 02 将人物转化为元件，制作人物跑步的逐帧动画。

STEP 03 返回场景 1，新建图层绘制场景。

STEP 04 将场景转化为元件，并制作场景的补间动画。

项目练习 2：制作鸟儿飞舞

效果如图 2-87 所示。

图 2—87

💻 制作流程：

STEP 01 使用铅笔工具绘制鸟儿的飞行动作。绘制时应当注意，鸟儿的身体和头部作为一组，整体绘制，另外的两个翅膀作为独立的组分别绘制。

STEP 02 将鸟儿转化为元件，制作鸟儿的飞行动作。逐帧绘制鸟儿的翅膀扇动动画。

STEP 03 返回场景1，新加图层绘制动画背景。

STEP 04 选择鸟儿，在第1帧处，将鸟儿放置在舞台左侧。在第25帧处，将鸟儿放置在舞台右侧，创建传统补间动画，制作鸟儿飞行动画。

第3章

制作书法特效
——文本详解

本章概述：

　　本章首先介绍一个书法特效的案例，通过模仿练习可以了解文本的应用方法。文本是 Flash 作品中不可缺少的元素，通过文本更易获取作者想要表现的思想。通过对本章内容的学习，读者可以熟悉文本样式的设置方法，掌握文字滤镜效果的设置技巧等。

要点难点：

　　文本类型　★☆☆
　　文本样式的设置　★★☆
　　文本的编辑　★★☆
　　滤镜效果的设置　★★★

案例预览：

【跟我学】 制作手写字效果

📺 案例描述

　　这里将以手写字效果的制作为例，重点讲解文本工具的使用以及遮罩层的用法，并且巩固前面学习的逐帧动画。

📺 制作过程

STEP 01 新建一个 Flash 文档，执行"文件"|"导入"|"导入到舞台"命令，选择"03章背景"作为背景素材导入至舞台，如图 3-1 所示。

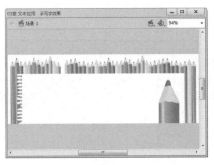

图 3-1

STEP 02 在舞台的空白处右击鼠标，选择"文档设置"命令，打开"文档设置"对话框，在"匹配"一栏中选择"内容"，如图 3-2 所示。舞台大小会自动调整至背景的大小。

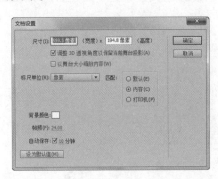

图 3-2

STEP 03 选择图层 1，将图层 1 重命名为"背景"。新建两个图层，分别命名为"文字""遮罩层"，如图 3-3 所示。

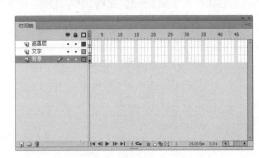

图 3-3

STEP 04 选择"文字"图层，使用文本工具在舞台上输入文字"坚韧不屈"，设置文字的字体和大小属性，如图 3-4 所示。

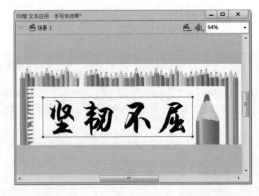

图 3-4

STEP 05 选择舞台上的文字，按两次 Ctrl+B 组合键，将文字打散，如图 3-5 所示。

STEP 06 选择打散后的文字，改变其颜色，为了使文字更加漂亮，设置每一个字的颜色都不一样，如图3-6所示。

图 3-5

图 3-6

STEP 07 为了使文字更加有立体感，选择舞台上的文字，按下 Ctrl+G 组合键，将文字打组，并复制这一组文字，将复制出的文字设置为黑色，如图3-7所示。

图 3-7

STEP 08 调整这两组文字的前后顺序，将黑色的文字设置在彩色文字的下方，作为文字的阴影，如图3-8所示。

图 3-8

STEP 09 选择"遮罩层"图层，使用画笔工具在舞台上绘制逐帧动画，在第4帧处，按照书法的笔画，绘制第一笔，如图3-9所示。

图 3-9

STEP 10 在第6帧处，按照书法的笔画绘制第二笔。绘制的关键在于每一笔务必将下方的文字完全遮盖住，如图3-10所示。

图 3-10

STEP **11** 使用同样的方法完成所有的笔画，但是中间要注意书法绘制的节奏，使动画更加流畅。每绘制完一笔，间隔要稍长一些，如图 3-11 所示。

图 3-11

STEP **12** 选择"遮罩层"图层，使用鼠标右击，选择"遮罩层"命令，将该图层转化为遮罩层图层，效果如图 3-12 所示。

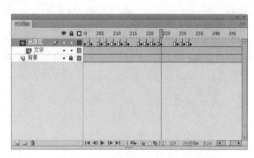

图 3-12

STEP **13** 在时间轴上，只有将遮罩层和被遮罩层的锁按钮点上，才能观察到遮罩动画的真实效果，如图 3-13 所示。

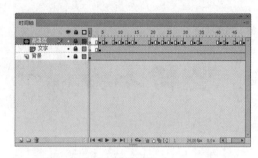

图 3-13

STEP **14** 动画制作完成，按下 Ctrl+Enter 组合键导出并预览动画，如图 3-14 所示。

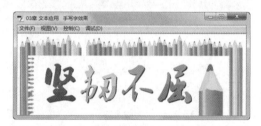

图 3-14

【听我讲】

3.1 文本的类型

在 Flash CS6 中，文本工具的使用方法与工具栏中其他工具的使用方法是一样的，只需选择工具箱中的文本工具 T 或者按 T 键即可调用。使用文本工具创建的文本包含两类，即传统文本和 TLF 文本。其中，传统文本又包括静态文本、动态文本、输入文本 3 种。

3.1.1 静态文本

静态文本在动画运行期间是不可以编辑修改的，它是一种普通文本。静态文本主要用于文字的输入与编排，起到解释说明的作用。静态文本是大量信息的传播载体，也是文本工具的最基本功能。静态文本的"属性"面板如图 3-15 所示。

图 3-15

创建文本可以通过文本标签和文本框两种方式。它们之间最大的区别就是有无自动换行功能。

1．文本标签

选择文本工具后，在舞台上单击鼠标左键，即可看到一个右上角有小圆圈的文字输入框，即文本标签。在文本标签中不管输入多少文字，文本标签都会自动扩展，而不会自动换行，如图 3-16 所示。

用户若需要换行，则应按 Enter 键。

2．文本框

选择文本工具后，在舞台区域中单击鼠标左键并拖曳，将出现一个虚线文本框，调整文本框的宽度，释放鼠标后将得到一个文本框，此时可以看到文本框的右上角出现了一个小方框。这说明文本框已经限定了宽度，当输入的文字超过限制宽度时，Flash 将自动换行，如图 3-17 所示。

　　通过鼠标拖曳可以随意调整文本框的宽度，如果需要对文本框的尺寸进行精确地调整，可以在"属性"面板中输入文本框的宽度与高度值。

图 3-16

图 3-17

3.1.2　动态文本

　　动态文本是一种比较特殊的文本，在动画运行的过程中可以通过 ActionScript 脚本进行编辑修改。动态文本可以显示外部文件的文本，主要应用于数据的更新。在 Flash 中制作动态文本区域后，接着创建一个外部文件，并通过脚本语言使外部文件链接到动态文本框中。若需要修改文本框中的内容，则只需更改外部文件中的内容。

　　在"属性"面板的"文本类型"下拉列表中选择"动态文本"选项，即可切换到动态文本输入状态，如图 3-18 所示。

图 3-18

在动态文本的"属性"面板中，各主要选项的含义介绍如下。

(1) 实例名称：在 Flash 中，文本框也是一个对象，这里就是为当前文本指定一个对象名称。

(2) 行为：当文本包含的文本内容多于一行的时候，使用"段落"栏中的"行为"下拉列表，可以使用单行、多行 (自动回行) 和多行进行显示。

(3) 将文本呈现为 HTML：在"字符"栏中单击 按钮，可制定当前的文本框内容为 HTML 内容，这样一些简单的 HTML 标记就可以被 Flash 播放器识别并进行渲染了。

(4) 在文本周围显示边框：在"字符"栏中单击 按钮，可显示文本框的边框和背景。

(5) 变量：在该文本框中，可输入动态文本的变量名称。

3.1.3　输入文本

输入文本主要应用于交互式操作的实现，目的是让浏览者填写一些信息以达到某种信息交换或收集目的。例如，常见的会员注册表、搜索引擎或个人简历表等。选择输入文本类型后创建的文本框，在生成 Flash 影片时，可以在其中输入文本。

在"属性"面板中的"文本类型"下拉列表框中选择"输入文本"选项，即可切换到输入文本所对应的"属性"面板，如图 3-19 所示。

图 3—19

在输入文本类型中，对文本各种属性的设置主要是为浏览者的输入服务的。例如，当浏览者输入文字时，会按照在"属性"面板中对文字颜色、字体和字号等参数的设置来显示输入的文字。

 设计妙招

在创建输入文本时，在其"属性"面板中的"行为"下拉列表框中还包括"密码"选项，若选择该选项，则用户的输入内容将全部用"*"进行显示。

3.2 设置文本样式

在创建文本内容后，用户还可以对文本的样式进行设置。文本的基本样式包括消除文本锯齿、设置文字属性、设置段落格式和创建文本链接。例如字体属性包括字体系列、磅值、样式、颜色、字母间距、自动调整字距和字符位置等。

3.2.1 设置文字属性

在舞台中输入文本，选择文本即可在"属性"面板中修改文本属性。字符属性主要包括系列、样式、大小、颜色等。

选择文字工具，在"属性"面板中可以看到相应的字符属性，如图 3-20 所示。

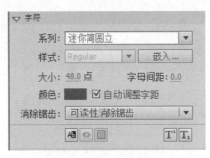

图 3-20

其中，各主要选项含义介绍如下。

(1) 系列：用于设置文本字体。

(2) 样式：用于设置常规、粗体或斜体等。一些字体还可能包含其他样式，如黑体、粗斜体等。

(3) 大小：设置文本的大小，以像素为单位。

(4) 字母间距：设置字符之间的距离，单击后可直接输入数值来改变间距。

(5) 颜色：设置文本的颜色。

(6) 自动调整字距：在特定字符之间加大或缩小距离。若勾选"自动调整字距"复选框，则使用字体中的字距微调信息；若取消自动调整字距，则忽略字体中的字距微调信息，不应用字距调整。

(7) 消除锯齿：包括使用设备字体、位图文本（无消除锯齿）、动画消除锯齿、可读性消除锯齿和自定义消除锯齿，选择不同的选项可以看到不同的字体呈现方法。

3.2.2 设置段落格式

在 Flash CS6 中，可以在"属性"面板的"段落"栏中设置段落文本的缩进、行距、左边距和右边距等，如图 3-21 所示。

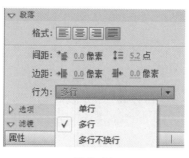

图 3-21

其中，各选项的含义介绍如下。

(1) 格式：用于设置文本的对齐方式。

(2) 缩进：设置段落首行缩进的大小。

(3) 间距：设置段落中相邻行之间的距离。

(4) 边距：设置段落左右边距的大小。

(5) 行为：设置段落单行、多行或者多行不换行。

3.2.3　创建文本链接

通过"属性"面板，还可以为文本添加超链接，单击该文本可以跳转到指定文件、网页等界面。

选中文本，打开"属性"面板，在选项区域中的"链接"文本框内输入相应的链接地址，如图 3-22 所示。按 Ctrl+Enter 组合键测试影片，当鼠标指针经过链接的文本时，鼠标将变成小手形，随后单击即可打开所链接的页面，如图 3-23 所示。

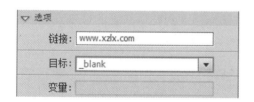

图 3-22

图 3-23

3.3　编辑文本

在 Flash CS6 中，可以对文本进行分离、变形等编辑。下面将对其相关知识进行介绍。

3.3.1 分离文本

在 Flash CS6 中，可以将文本分离成为一个独立的对象进行编辑。当分离成单个字符或填充图像时，便可以制作每个字符的动画或为其设置特殊的文本效果。

选中文本内容后，选择"修改"|"分离"命令或按 Ctrl+B 组合键，即可实现文本的分离，如图 3-24、图 3-25 所示。

图 3-24   图 3-25

若按两次 Ctrl+B 组合键，可以将文本分离为填充图形。同时，文本分离为填充图形后，就不再具有文本的属性。

3.3.2 变形处理文本

在进行动画创作的过程中，用户也可以像变形其他对象一样对文本进行变形操作，例如对文本进行缩放、旋转和倾斜等操作。

1．缩放文本

在编辑文本时，用户除了可以在"属性"面板中设置字体的大小外，还可以使用任意变形工具，对文本进行整体缩放变形。

首先选中文本内容，选择任意变形工具，将鼠标移动到轮廓线上的控制点处，按住鼠标左键并拖动鼠标，即可对选中的文本进行缩放，如图 3-26、图 3-27 所示。

图 3-26   图 3-27

2．旋转与倾斜文本

将鼠标指针放置在不同的控制点上，鼠标指针的形状也会发生变化。选中文本，选择任意变形工具，将鼠标指针放置在变形框的任意角点上，当鼠标指针变为↷形时，可以旋转文本块，如图 3-28 所示。将鼠标指针放置在变形框边上中间的控制点上，当鼠标指针变为↕或⇌形时，可以上下或左右倾斜文本块，如图 3-29 所示。

图 3-28

图 3-29

3．水平翻转和垂直翻转文本

选择文本，在菜单栏中选择"修改"|"变形"|"水平翻转"或"垂直翻转"命令，即可实现对文本对象的翻转操作，如图 3-30、图 3-31 所示。

图 3-30

图 3-31

3.3.3　对文字进行局部变形

将文本分离为填充图像后，可以非常方便地改变文字的形状。选中文本并按两次 Ctrl+B 组合键，将文本彻底分离为填充图形。单击工具箱中的任意变形工具，在准备变形的文本局部上，单击鼠标左键并进行拖曳，即可对文本进行局部变形，如图 3-32、图 3-33 所示。

图 3-32   图 3-33

3.4   滤镜的应用

滤镜是一种对对象的像素进行处理以生成特定效果的方法。例如，应用模糊滤镜，使对象的边缘显得柔和。滤镜只能对文本、影片剪辑、按钮增添有趣的视觉效果。

3.4.1   认识滤镜

在 FlashCS6 中，用户可以直接从"属性"面板中的"滤镜"栏中为对象添加滤镜。在舞台上选择要添加滤镜的对象，在"属性"面板中展开"滤镜"栏，在面板底部单击"添加滤镜"按钮，在弹出的菜单中选择一种滤镜，如图 3-34 所示，然后设置相应的参数即可。

图 3-34

3.4.2   设置滤镜效果

使用滤镜可以制作出许多特殊的效果，包括投影、模糊、发光、斜角、渐变发光、渐变斜角和调整颜色等效果。下面将具体对其进行介绍。

1．投影

投影滤镜用于模拟对象投影到一个表面的效果，使其具有立体感。在投影选项中，可以对投影的模糊值、强度、品质、角度、距离等参数进行设置，形成不同的视觉效果。

2．模糊

模糊滤镜可以柔化对象的边缘和细节，使编辑对象具有运动的感觉。在滤镜区域中，单击面板底部的"添加滤镜"按钮，在弹出的菜单中选择"模糊"命令即可。

3．发光

发光滤镜可以使对象的边缘产生光线投射效果，为对象的整个边缘应用颜色，既可以使对象的内部发光，也可以使对象的外部发光。在发光选项中，可以对模糊、强度、品质等参数进行设置。

4．斜角

应用斜角就是向对象应用加亮效果，使其看起来凸出于背景表面，使对象制作出立体的浮雕效果，还可以创建内斜角、外斜角和全部斜角。在斜角选项中，可以对模糊、强度、品质、阴影、角度、距离和类型等参数进行设置。

5．渐变发光

应用渐变发光，可以在对象表面产生带渐变颜色的发光效果。渐变发光要求渐变开始处颜色的 Alpha 值为 0，用户可以改变其颜色，但是不能移动其位置。渐变发光和发光的主要区别在于发光的颜色，且渐变发光滤镜效果可以添加多种颜色。

6．渐变斜角

渐变斜角滤镜效果与斜角滤镜效果相似，使编辑对象表面产生一种凸起效果。但是斜角滤镜效果只能更改其阴影色和加亮色两种颜色，而渐变斜角滤镜效果可以添加多种颜色。渐变斜角中间颜色的 Alpha 值为 0，用户可以改变其颜色，但是不能移动其位置。

7．调整颜色

使用调整颜色滤镜可以改变对象的各颜色属性，主要包括对象的亮度、对比度、饱和度和色相属性。

【自己练】

项目练习1：制作斜角滤镜文字特效

效果如图3-35所示。

图3-35

制作流程：

STEP 01 选择合适的背景素材，导入到库中。将库中的素材拖至舞台作为背景。

STEP 02 新建图层，使用文本工具输入文字，在属性面板调整文字的大小、字体、颜色等属性。

STEP 03 添加文字滤镜，选择渐变斜角文字滤镜，调整滤镜的各个属性值，直到效果满意为止。

STEP 04 制作完成后保存动画效果。

项目练习2：制作模糊滤镜文字特效

效果如图3-36所示。

图3-36

制作流程：

STEP 01 选择合适的背景素材，导入到库中。将库中的素材拖至舞台作为背景。

STEP 02 新建图层，使用文本工具输入文字，在属性面板调整文字的大小、字体、颜色等属性。

STEP 03 添加文字滤镜，选择模糊文字滤镜，调整滤镜的各个属性值，直到效果满意为止。

STEP 04 制作完成后保存动画效果。

第4章

制作基础动画
——元件、库与实例详解

本章概述：

    本章将通过基础动画的制作来介绍元件、库、实例的相关知识。Flash 动画中包含了各种类型的元件，这些元件都被保存在库中，需要时直接调用即可。通过对本章内容的学习，读者可以熟悉元件、库面板的应用方法等，掌握实例的应用方法与技巧。

要点难点：

元件的类型　★☆☆
元件的创建与编辑　★★☆
库的应用　★★☆
实例的设置　★★★
基础动画的创建　★★★

案例预览：

【跟我学】 制作骑行动画

🖥 案例描述

　　这里将以骑行动画的制作为例，对元件的使用方法进行讲解。通过学习该案例，读者可以熟悉元件、库的概念，掌握元件的用法。

🖥 制作过程

STEP 01 新建一个 Flash 文档，设置其舞台属性，舞台尺寸宽度为 720 像素，高度为 576 像素，帧频为 24，如图 4-1 所示。

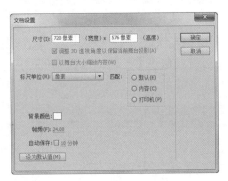

图 4—1

STEP 02 选择图层 1，将图层 1 重命名为"黑框"，绘制一个黑框将舞台框住。这么做是为了后面的制作更加方便，可以直观地看出舞台的大小，如图 4-2 所示。

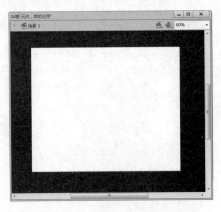

图 4—2

STEP 03 在"黑框"图层下方，新建两个图层，分别命名为"内容""背景"，如图 4-3 所示。

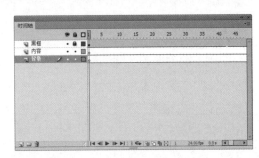

图 4—3

STEP 04 执行"插入"|"新建元件"命令，新建一个元件，将元件命名为"背景"，如图 4-4 所示。

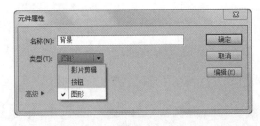

图 4—4

STEP 05 进入元件的编辑区，使用矩形工具绘制一个矩形作为天空，颜色为 #93BFBF 到 #C6C9C2 的线性渐变，如图 4-5 所示。

STEP 06 使用矩形工具绘制一个矩形作为地面，颜色为 #314A4F 到 #CBCBCB 的线性渐变，如图 4-6 所示。

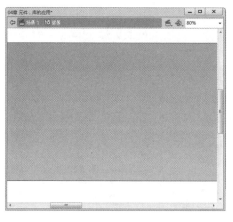

图 4—5

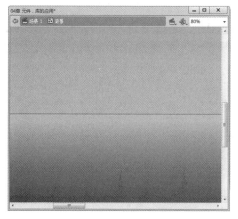

图 4—6

STEP 07 使用矩形工具绘制两条细矩形，作为马路上的双黄线，放置在马路的中间，如图 4-7 所示。

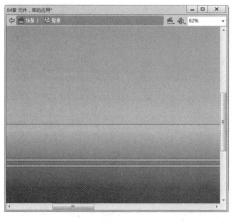

图 4—7

STEP 08 使用铅笔工具在路边绘制一些

绿色植物，使用颜料桶工具将绘制的植物填充颜色，如图 4-8 所示。

图 4—8

STEP 09 使用矩形工具绘制马路边的围栏，如图 4-9 所示。

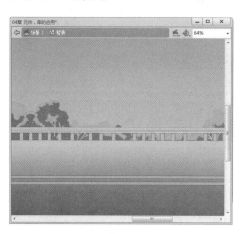

图 4—9

STEP 10 绘制远处的房屋，因为在远处，所以绘制的房屋的轮廓，颜色为黑色透明度 25% 到白色透明度 15% 的线性渐变，如图 4-10 所示。

STEP 11 使用铅笔工具绘制几朵天空的云彩，填充颜色，并多复制几个，如图 4-11所示。

STEP 12 考虑到背景要做成动态，所以要将背景画长，简单的方法就是将背景复制，粘贴在画好的背景的右侧，效果如

图 4-12 所示。

图 4-10

图 4-11

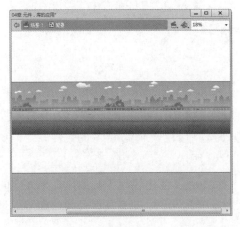

图 4-12

STEP 13 返回场景 1，打开库面板，将库中的背景元件拖至舞台，靠近舞台的右侧放置，如图 4-13 所示。

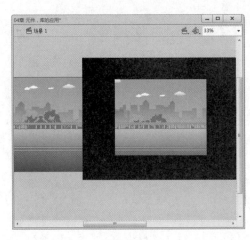

图 4-13

STEP 14 选中舞台上的背景，按下 F8 键将其转化为图形元件，命名为"动态背景"，如图 4-14 所示。

图 4-14

STEP 15 双击背景元件，进入元件的编辑区，在时间轴的第 50 帧处插入关键帧，如图 4-15 所示。

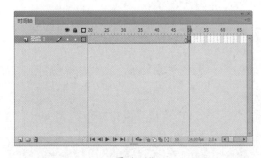

图 4-15

STEP 16 选择第 50 帧，将舞台的背景向右移动至舞台的最左侧，如图 4-16 所示。

STEP 17 在时间轴上的第 1~50 帧之间的任意一帧右击鼠标，选择"创建传统补间动画"命令，如图 4-17 所示。

图 4-16

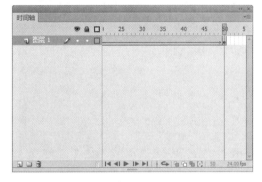

图 4-17

STEP 18 返回场景 1，在时间轴上，在每个图层的第 100 帧处插入普通帧，如图 4-18 所示。

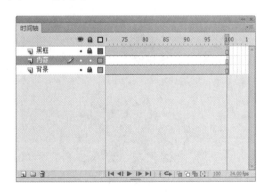

图 4-18

STEP 19 选择"内容"图层，使用铅笔工具绘制一个自行车车架，使用颜料桶工具填充颜色，如图 4-19 所示。

STEP 20 选择绘制好的自行车车架，按

下 F8 键将其转化为图形元件，命名为"骑车"，如图 4-20 所示。

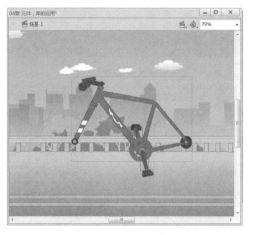

图 4-19

图 4-20

STEP 21 使用椭圆工具，为自行车绘制车轮，如图 4-21 所示。

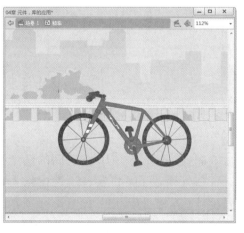

图 4-21

STEP 22 选择车轮，按下 F8 键将其转化为图形元件，命名为"车轮转动"，如图 4-22 所示。

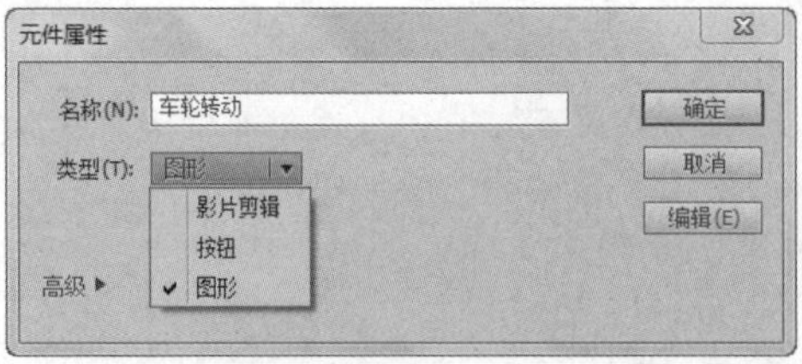

图 4-22

STEP 23 双击进入元件的编辑区，按下
F8 键将车轮再次转化为元件，命名为"车
轮"，如图 4-23 所示。

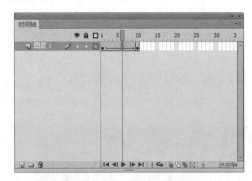

图 4-23

STEP 24 在时间轴的第 10 帧处插入关
键帧，在第 1~10 帧之间的任意一帧，右击
鼠标选择"创建传统补间动画"命令，如
图 4-24 所示。

图 4-24

STEP 25 选择第 1~10 帧之间的任意一
帧。在属性面板上，将旋转属性设置为顺
时针旋转，旋转圈数为 1，如图 4-25 所示。

STEP 26 返回"骑车"元件的编辑区，
在时间轴上，创建三个图层，依次命名为
"骑车""车轮""脚"。将"车轮转动"
放置在"车轮"图层，如图 4-26 所示。

图 4-25

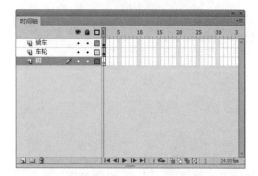

图 4-26

STEP 27 选择"骑车"图层，绘制一个
人的骑车的动作，如图 4-27 所示。

图 4-27

STEP 28 选择"骑车"图层，在时间轴
的第 3 帧处插入关键帧，绘制人物骑车的
下一帧动作，如图 4-28 所示。

图 4-28

STEP 29 选择"骑车"图层，在时间轴的第 5 帧处插入关键帧，绘制人物骑车的下一帧动作，如图 4-29 所示。

图 4-29

STEP 30 选择"骑车"图层，在时间轴的第 7 帧处插入关键帧，绘制人物骑车的下一帧动作。在该帧处，人物的骑车动作右脚位置和车轮有些冲突，所以在该帧处，要将右脚绘制在"脚"图层上，如图 4-30 所示。

STEP 31 选择"骑车"图层，在时间轴的第 9 帧处插入关键帧，绘制人物骑车的下一帧动作，如图 4-31 所示。

STEP 32 选择所有图层，在时间轴的第 10 帧处插入普通帧。至此已经绘制完成一

个循环的骑车动作，如图 4-32 所示。

图 4-30

图 4-31

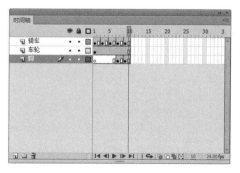

图 4-32

STEP 33 返回场景 1，将"骑车"元件放置在舞台的合适位置，如图 4-33 所示。

STEP 34 至此骑行动画绘制完成。按下 Ctrl+Enter 组合键预览动画，如图 4-34 所示。

图 4-33   图 4-34

【听我讲】

4.1　元件

　　在制作 Flash 动画过程中，经常需要创建或调用一些元件，那么究竟什么是元件呢？元件是构成 Flash 动画的主体，是动画中可以反复使用的一个小部件，在影片中发挥着极其重要的作用。通常，Flash 动画由多个元件组成，通过使用元件可以大大提高动画的创作效率。

4.1.1　元件的类型

　　元件是构成动画的基本元素，是可以反复取出使用的图形、按钮或者动画。简单来说，元件只需要创建一次，即可在整个文档中重复使用。元件中的小动画可以独立于主动画进行播放，每个元件可由多个独立的元素组合而成。

　　在制作 Flash 影片的过程中，可以通过多次复制某个对象来达到创作的目的；这样，每个所复制的对象具有独立的文件信息，相应的整个影片的容量也会加大。但如果将对象制作成元件后加以应用，Flash 就会反复调用同一个对象，从而不会影响影片的容量。

　　根据功能和内容的不同，元件可分为 3 种类型，分别是图形元件、影片剪辑元件和按钮元件，如图 4-35 所示。

图 4-35

1. 图形元件

　　图形元件用于制作动画中的静态图形，是制作动画的基本元素之一，它也可以是影片剪辑元件或场景的一个组成部分，但是没有交互性，不能为图形元件添加声音，也不能为图形元件的实例添加脚本动作。图形元件应用到场景中时，会受到帧序列和交互设置的影响，图形元件与主时间轴同步运行。

2. 影片剪辑元件

使用影片剪辑元件可以创建可重复使用的动画片段，拥有独立的时间轴，能独立于主动画进行播放。影片剪辑是主动画的一个组成部分，可以将影片剪辑看作是主时间轴内的嵌套时间轴，包含交互式控件、声音以及其他影片剪辑实例。

3. 按钮元件

按钮元件是一种特殊的元件，具有一定的交互性，主要用于创建动画的交互控制按钮。按钮元件具有"弹起""指针经过""按下""点击"4 个不同状态的帧，如图 4-36 所示。

图 4—36

其中，各帧的含义介绍如下。

(1) 弹起：表示鼠标指针没有经过按钮时的状态。

(2) 指针经过：表示鼠标指针经过按钮时的状态。

(3) 按下：表示鼠标单击按钮时的状态。

(4) 点击：表示用来定义可以响应鼠标事件的最大区域。如果这一帧没有图形，鼠标的响应区域则由指针经过和弹出两帧的图形来定义。

用户可以分别在按钮的不同状态帧上创建不同的内容，既可以是静止图形，也可以是影片剪辑，而且可以给按钮添加时间的交互动作，使按钮具有交互功能。

4.1.2 创建元件

在 Flash CS6 中，创建元件可以通过两种途径，一种是将舞台上的对象转换成元件，另一种是直接创建一个空白的元件，然后在元件编辑模式下制作或导入内容，可以是图形、按钮或动画等。

创建元件的方法包含以下几种。

方法 1：选择"插入"|"新建元件"命令或按 Ctrl + F8 组合键。在弹出的"创建新元件"对话框中选择元件类型并确认即可，如图 4-37 所示。

图 4—37

方法 2：在"库"面板中的空白处单击鼠标右键，在弹出的快捷菜单中选择"新建元件"命令。

方法 3：单击"库"面板右上角的面板菜单按钮 ，在弹出的下拉菜单中选择"新建元件"命令。

方法 4：单击"库"面板底部的"新建元件"按钮 。

在"创建新元件"对话框中，各主要选项的含义如下。

(1) 名称：用于设置元件的名称。

(2) 类型：用于设置元件的类型，包含"图形""按钮"和"影片剪辑"3 个选项。

(3) 文件夹：在"库根目录"上单击，打开"移至文件夹…"对话框，如图 4-38 所示，用户可以将元件放置在新建文件夹中，也可以将元件放置在现有文件夹中或库根目录中。

(4) 高级：单击该链接，可将该面板展开，从中对元件进行高级设置，如图 4-39 所示。

图 4-38

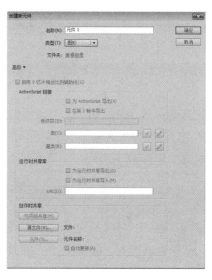

图 4-39

4.1.3　转换元件

在制作动画过程中，若需要将舞台上的对象转化为元件，则可以选中对象后，选择"修改"|"转换为元件"命令，打开如图 4-40 所示的对话框，从中设置元件类型，最后单击"确定"按钮。

图 4-40

除此之外，将对象转化为元件还有以下两种方法。

(1) 在选择的对象上右击鼠标，在弹出的快捷菜单中选择"转换为元件"命令。

(2) 直接将选择的对象拖曳至"库"面板中。

4.1.4　编辑元件

当对元件进行编辑时，舞台上所有该对象的实例都会发生相应的变化。在 Flash CS6 中，可以通过在当前位置、在新窗口中、在元件的编辑模式下对元件进行编辑。下面将进行具体介绍。

1．在当前位置编辑元件

在 Flash CS6 中，在当前位置编辑元件的方法主要有以下 3 种。

(1) 在舞台上双击要进入编辑状态元件的一个实例。

(2) 在舞台上选择元件的一个实例，单击鼠标右键，在弹出的快捷菜单中选择"在当前位置编辑"命令。

(3) 在舞台上选择要进入编辑状态元件的一个实例，然后选择"编辑"|"在当前位置编辑"命令。

在当前位置编辑元件时，其他对象以灰显方式出现，从而将它们和正在编辑的元件区别开来。正在编辑的元件的名称显示在舞台顶部的编辑栏内，位于当前场景名称的右侧，如图 4-41、图 4-42 所示。

图 4-41

图 4-42

2．在新窗口中编辑元件

若舞台中对象较多、颜色比较复杂，在当前位置编辑元件不方便，也可以在新窗口中进行编辑。在舞台上选择要进行编辑的元件并右击鼠标，在弹出的快捷菜单中选择"在新窗口中编辑"命令，如图 4-43 所示。

此时，进入在新窗口中编辑元件的模式，正在编辑的元件的名称会显示在舞台顶部的编辑栏内，且位于当前场景名称的右侧，如图 4-44 所示。

图 4-43

图 4-44

 设计妙招

如需退出"在新窗口中编辑元件"模式并返回到文档编辑模式，直接单击右上角的关闭按钮来关闭新窗口。

4.2　库

库面板就是一个影片的仓库，所有元件都会被自动载入到当前影片的库面板中，在使用时从该面板中直接调用即可。另外，还可以从其他影片的库面板中调用元件。本节将对库的各种操作进行详细介绍。

4.2.1　认识库面板

"库"面板用于存储和组织在 Flash 中创建的各种元件和导入的文件（包括矢量插图、位图图形、声音文件和视频剪辑）。库还包含已添加到文档的所有组件，组件在库中显示为编译剪辑。用户可以在 Flash 应用程序中创建永久的库，只要启动 Flash 就可以使用这些库。

新建 Flash 文档时，库面板是空的，随着用户不断地将图片、声音等资源导入到库中，库面板中将增加内容。选择"窗口"|"库"命令，或按 Ctrl + L 组合键，即可打开"库"面板。库面板是由诸多库项目组成的集合，每一个库项目的基本信息均会反映在库面板中，例如名称、使用次数、修改日期以及类型等，分别单击这些选项按钮，即可按照相应的顺序为库面板中的对象排序，如图 4-45 所示。

在"库"面板中，各组成部分的功能介绍如下。

(1) 预览窗口：用于显示所选对象的内容。

(2) 选项按钮 ：单击该按钮，弹出库面板中的各种操作选项。

(3) 　、 按钮：单击该按钮，可以调整各元件的排列顺序。

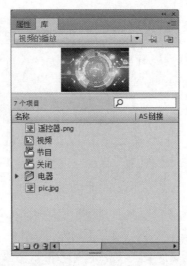

图 4-45

(4) "新建库面板"按钮 ：单击该按钮，可以新建库面板。

(5) "新建元件"按钮 ：单击该按钮，弹出"创建新元件"对话框，用于新建元件。

(6) "新建文件夹"按钮 ：用于新建文件夹。

(7) "属性"按钮 ：用于打开相应的元件属性对话框。

(8) "删除"按钮 ：用于删除元件或文件夹。

4.2.2 重命名库元素

在制作动画时，库面板中包含很多库项目，为了更好地使用管理库项目，用户可以为库项目重命名。

在 Flash CS6 中，对"库"面板中的项目进行重命名的方法，其一是在"库"面板的"面板"菜单中选择"重命名"命令，如图 4-46 所示。其二是选择项目并右击鼠标，在弹出的快捷菜单中选择"重命名"命令，如图 4-47 所示。

图 4-46

图 4-47

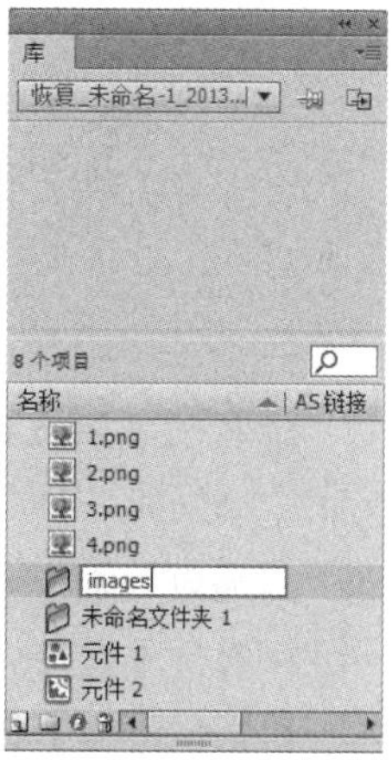

执行以上任意一种方法，进入编辑状态后，在文本框中输入新名称，按 Enter 键或在其他空白区单击鼠标，即可完成项目的重命名操作。

当库项目繁多时，可以利用库文件夹对其进行分类整理。库面板中可以同时包含多个库文件夹，但不允许文件夹使用相同的名称。若要新建一个库文件夹，只需在"库"面板中单击"新建文件夹"按钮 📁 即可，然后在文本框中输入文件夹的名称，如图 4-48 所示。

图 4-48

4.2.3　调用库元素

在 Flash 中，除了用户自创的库元件外，还包含公用库。公用库是 Flash 自带的一个素材库，包括很多现成的按钮和声音，用户可以将它们直接调用到动画中，这样可以节省工作时间。

除此之外，如果某些对象需要被反复应用于不同的影片中，用户还可以根据需要创建自定义公用库，然后与创建的任何文档一起使用。公用库共分为 3 种类型，分别是按钮、类和声音。下面将对公用库进行具体介绍。

1. 按钮库

选择"窗口"|"公用库"| buttons 命令，打开按钮库，如图 4-49 所示，在该库中提供了各式各样的按钮标本。用户可以根据自己的需要在按钮库中选择合适的按钮添加到文档中。

2. 类库

选择"窗口"|"公用库"| classes 命令，打开类库，如图 4-50 所示。在该库中共有 3 个元件，分别是"数据绑定组件""应用组件"和"网络服务组件"。

图 4-49

图 4-50

4.2.4 应用并共享库资源

使用共享库资源，可以将一个影片库面板中的资源共享，供其他影片使用，同时合理地组织影片中的每个元素，减少影片的开发周期。下面将介绍库资源的共享与应用。

1. 复制库资源

在文档之间复制库资源，可以使用多种方法将库资源从源文档复制到目标文档中。在制作动画时，用户还可以将元件作为共享库资源在文档之间共享。

1) 通过复制和粘贴来复制库资源

在舞台上选择资源，然后选择"编辑"|"复制"命令。若要将资源粘贴到舞台中心位置，将指针放在舞台上并选择"编辑"|"粘贴到中心位置"命令，这样资源就会被粘贴到舞台的中心。若要将资源放置在与源文档中相同的位置，选择"编辑"|"粘贴到当前位置"命令即可。

2) 通过拖动来复制库资源

在目标文档打开的情况下，在源文档的"库"面板中选择该资源，并将其拖入目标文档的"库"面板中。

3) 通过在目标文档中打开源文档库来复制库资源

当目标文档处于活动状态时，选择"文件"|"导入"|"打开外部库"命令，选择源文档并单击"打开"按钮，即可导入到目标文档的库面板中。

2. 实时共享库中的资源

对于运行时共享资源，源文档的资源是以外部文件的形式链接到目标文档中的。运行时资源在文档回放期间(即在运行时)加载到目标文档中。在创作目标文档时，包含共享资源的源文档并不需要在本地网络上。为了让共享资源在运行时可供目标文档使用，源文档必须发布到 URL 上。

使用运行时共享库资源需要执行以下操作。

首先，设计者在源文档中定义共享资源并输入该资源的标识符字符串和源文档将要发布到的 URL(仅 HTTP 或 HTTPS)。

其次，用户在目标文档中定义一个共享资源，并输入一个与源文档的那些共享资源相同的标识符字符串和 URL。或者，用户可以把共享资源从发布的源文档拖到目标文档库中。在"发布"设置中设置的 ActionScript 版本必须与源文档中的版本匹配。

3. 解决库资源之间的冲突

如果将一个库资源导入或复制到已经含有同名的不同资源的文档中，则可以选择是否用新项目替换现有项目。将库资源导入或复制到文档中时出现"解决库冲突"对话框，如图 4-51 所示，可通过重命名的方法解决冲突。

在"解决库冲突"对话框中可执行以下操作。

(1) 若要保留目标文档中的现有资源，则可以选中"不替换现有项目"单选按钮。

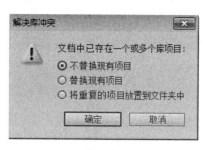

图 4—51

(2) 若要用同名的新项目替换现有资源及其实例，则可以选中"替换现有项目"单选按钮。

(3) 若选中"将重复的项目放置到文件夹中"单选按钮，则可以保留目标文档中的现有资源，同名的新项目将被放置在重复项目文件夹中。

4.3 实例

用户在创建元件后，可以将元件拖入舞台中，元件一旦从库中拖到舞台或者其他元件中，就变为实例。简单地说，在场景或者元件中的元件被称为实例，实例是元件的具体应用。

4.3.1 创建实例

每个实例都具有自己的属性，用户可以利用属性面板设置实例的色彩、图形显示模式等信息，以及重新设置元件的类型。也可以对实例进行变形，例如倾斜、旋转或缩放等，修改特征只会显示在当前所选的实例上，对元件和场景中的其他实例是没有影响的。

在 Flash CS6 中，创建实例的方法很简单，只需在"库"面板中选择元件，按住鼠标左键不放，将其直接拖曳至场景后释放鼠标，即可创建实例，如图 4-52、图 4-53 所示。

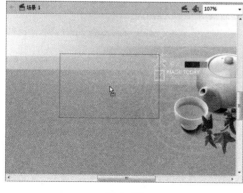

图 4—52

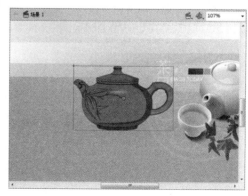

图 4—53

设计妙招

多帧的影片剪辑元件和多帧的图形元件创建实例时，在舞台中影片剪辑设置一个关键帧即可，而图形元件则需要设置与该元件完全相同的帧数，动画才能完整地播放。

4.3.2 复制实例

在制作动画过程中，有时需要重复使用实例，对于已经创建好的实例，用户可以直接在舞台上复制实例。其具体的操作步骤如下。

选择要复制的实例，然后按住 Ctrl 键或 Alt 键的同时拖动实例，此时鼠标指针的右下角显示一个小"＋"标识，将目标实例对象拖曳到目标位置时，释放鼠标即可复制所选择的目标实例对象，如图 4-54、图 4-55 所示。

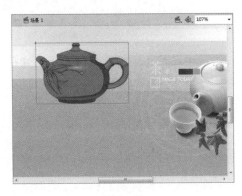
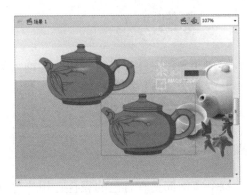

图 4-54   图 4-55

4.3.3 设置实例的色彩

每个元件实例都可以有自己的色彩效果。利用"属性"面板，可以设置实例的颜色和透明度等。选择实例，在"属性"面板的"色彩效果"栏中的"样式"下拉列表中选择相应的选项，如图 4-56 所示，即可设置实例的颜色和透明度。

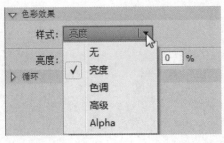

图 4-56

若要进行渐变颜色更改，可应用补间动画。在实例的开始关键帧和结束关键帧中设置不同的色彩效果，然后创建传统补间动画，以让实例的颜色随着时间逐渐变化。

在"样式"下拉列表中包含了5个选项，各选项的含义分别介绍如下。

(1) 无：选择该选项，不设置颜色效果。

(2) 亮度：用于设置实例的明暗对比度，度量范围是从黑(-100%)到白(100%)。选择"亮度"选项，可拖动右侧的滑块，或者在文本框中直接输入数值来设置对象的亮度属性。

(3) 色调：用于设置实例的颜色。单击"颜色"色块，然后从颜色面板中选择一种颜色，或者在文本框中输入红色、绿色和蓝色的值，可以改变实例的色调。

(4) 高级：用于设置实例的红、绿、蓝和透明度的值。选择"高级"选项，左侧的控件可以使用户按指定的百分比降低颜色或透明度的值；右侧的控件可以使用户按常数值降低或增大颜色或透明度的值。

(5) Alpha：用于设置实例的透明度，调节范围是从透明(0%)到完全饱和(100%)。如果要调整 Alpha 值，可选择 Alpha 选项并拖动滑块，或者在文本框中输入一个值即可。

4.3.4 改变实例的类型

在制作 Flash 动画时，实例的类型是可以相互转换的，可以通过改变实例的类型来重新定义它在 Flash 应用程序中的行为。

在"属性"面板中，可以通过图形、按钮和影片剪辑3种类型进行转换，如图4-57所示。例如，一个图形实例包含独立于主时间轴播放的动画，可以将该图形实例重新定义为影片剪辑实例。当改变实例的类型后，"属性"面板中的参数也将进行相应的变化。

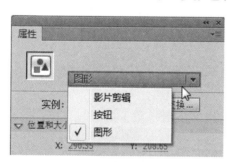

图 4-57

4.3.5 查看实例信息

在 Flash 中，"属性"面板和"信息"面板用于显示在舞台上选定实例的相关信息。创建 Flash 文档中，在处理同一元件的多个实例时，识别舞台上元件的特定实例比较复杂，此时可以使用"属性"面板或者"信息"面板进行识别。

在"属性"面板中，用户可以查看实例的行为和设置，如图4-58所示。对于所有实例类型，均可以查看其色彩效果设置、位置和大小。

在"属性"面板中，通常会显示元件注册点或元件左上角的 x 和 y 坐标，具体取决于在"信息"面板上选择的选项。

在"信息"面板上，可以查看实例的大小和位置、实例注册点的位置、指针的位置以及实例的红色值 (R)、绿色值 (G)、蓝色值 (B) 和 Alpha(A) 值。"信息"面板还显示元件注册点或元件左上角的 x 和 y 坐标，具体取决于选择了哪个选项。要显示注册点的坐标，单击"信息"面板内坐标网格中的中心方框；要显示左上角的坐标，单击坐标网格中的左上角方框，如图 4-59 所示。

图 4—58

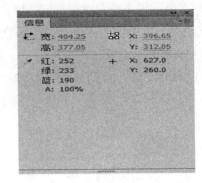

图 4—59

【自己练】

项目练习 1：制作汽车行驶动画

效果如图 4-60 所示。

图 4—60

🖥 制作流程：

STEP 01 使用铅笔工具绘制车身，使用颜料桶工具填充颜色。注意绘制车身的细节，使用颜色的线性渐变，绘制车身的光泽感。

STEP 02 单独绘制汽车车轮，绘制完成后转化为元件并制作车轮转动的动画。制作完成后，复制一个将其放置在车身的车轮位置。

STEP 03 新建图层，绘制动画的背景。选择第 1 帧，将汽车放置在舞台左侧，选择第 65 帧，将汽车放置在舞台右侧，创建传统补间动画。

STEP 04 将音效和背景音乐导入到舞台，为动画添加声音。

项目练习 2：制作气球飘动

效果如图 4-61 所示。

图 4—61

💻 **制作流程：**

STEP 01 使用椭圆工具和线条工具绘制气球,使用颜色的线性渐变,绘制气球的光泽感。

STEP 02 复制一个气球并改变颜色。分别将两个气球转化为元件。制作气球上升飘动的动画。

STEP 03 将气球随机地复制几个，改变大小和位置，放置在舞台。

STEP 04 新建图层，将背景素材导入到舞台。

第5章

制作宣传短片
——引导动画详解

本章概述：

　　本章通过制作城市旅游宣传片来介绍动画短片的制作，其中还应用到了引导动画功能。通过对这些操作的模仿练习，读者可以轻松地掌握各种类型动画（如引导动画、遮罩动画、传统补间动画）的制作技巧与设置方法。

要点难点：

引导动画的原理　★★☆

引导动画的制作　★★☆

宣传短片的创作　★★★

案例预览：

【跟我学】 制作城市旅游宣传片

🖥 案例描述

这里以城市旅游宣传片的制作为例。该宣传片运用了 Flash 多种工具和知识，更主要的是引导层动画的应用。通过学习该案例，读者可以熟悉 Flash 的综合运用，掌握引导层动画的使用方法。

🖥 制作过程

STEP **01** 创建 Flash 文档，设置其文档属性，舞台尺寸为 1280 像素 × 720 像素，帧频为 24，如图 5-1 所示。

图 5-1

STEP **02** 执行"文件"|"导入"|"导入到库"命令，将"05 素材"的图片、"背景音乐"和"音效"文件导入到库中，如图 5-2 所示。

图 5-2

STEP **03** 创建 10 个图层，分别为各个图层重新命名，命名依次如图 5-3 所示。

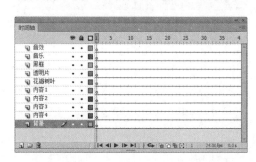

图 5-3

STEP **04** 选择"黑框"图层，绘制一个黑框将舞台框住，可以直观地看出舞台的大小，如图 5-4 所示。

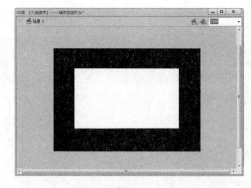

图 5-4

STEP **05** 选择"背景"图层，使用矩形工具绘制一个矩形，颜色为绿色，作为背景，如图 5-5 所示。

STEP **06** 选择"透明片"图层，将库中的"05素材"图片拖至舞台合适位置，按下F8键将其转化为图形元件，设置其透明度为10%，如图5-6所示。

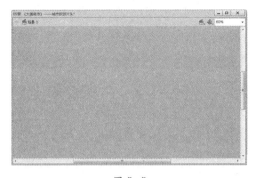

图5-5

图5-6

STEP 07 选择"内容2"图层，绘制一个颜色为#CBC593的矩形，作为地面并将其打组。按下F8键将其转化为图形元件，双击进入编辑区，如图5-7所示。

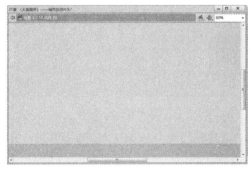

图5-7

STEP 08 使用矩形工具，绘制两个台阶放置在地面上方，并将两个台阶分别打组，如图5-8所示。

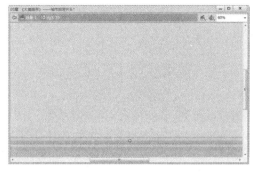

图5-8

STEP 09 使用矩形工具，绘制一道城墙并打组，复制该城墙并粘贴，将复制出的城墙水平翻转，将两道城墙分别放置在舞台左右两侧，如图5-9所示。

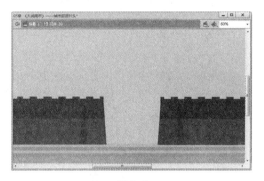

图5-9

STEP 10 使用矩形工具绘制城楼，使用铅笔工具绘制城楼门，将门删除，留出门洞，如图5-10所示。

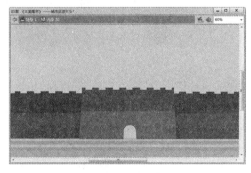

图5-10

STEP 11 使用铅笔工具将城门绘制得更加完整，将城门、门洞等细节绘制出来，如图5-11所示。

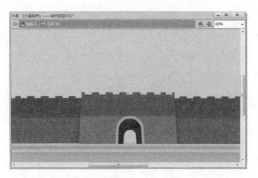

图 5-11

状，复制并粘贴一朵，如图 5-15 所示。

图 5-14

STEP **12** 使用矩形工具绘制城门的牌匾，并使用文本工具输入文字。选择整个城门打组，如图 5-12 所示。

图 5-12

STEP **13** 使用矩形工具绘制城楼二楼并将其打组，使用铅笔工具绘制楼顶并打组，如图 5-13 所示。

图 5-13

STEP **14** 为城楼绘制一些装饰物，绘制几组灯笼并打组，如图 5-14 所示。

STEP **15** 使用椭圆工具，绘制几个大小不均匀的圆形拼在一起，调整成云朵的形

图 5-15

STEP **16** 使用铅笔工具绘制一棵树的树干，并使用颜料桶工具为其添加颜色，如图 5-16 所示。

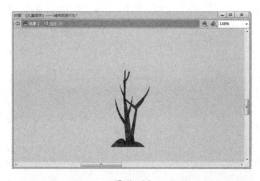

图 5-16

STEP **17** 使用椭圆工具，为树绘制树叶，多复制几个并变形，放置在树枝位置，如图 5-17 所示。

STEP **18** 选择矩形工具，在"属性"面板中的"矩形选项"栏，设置其参数值为10，绘制圆角矩形，如图 5-18 所示。

图 5-17

图 5-18

STEP 19 绘制圆角矩形后，使用文本工具在圆角矩形上输入文字，如图5-19所示。

图 5-19

STEP 20 整个城门绘制完成，检查是否将城门的每个部分都进行了打组，然后将每组转化为图形元件，按下 Ctrl+Shift+D 组合键，将元件分散至各个图层，如图5-20所示。

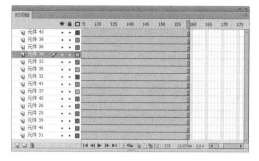

图 5-20

STEP 21 分别在每个图层的第6、9、12、15、17帧处插入关键帧，如图5-21所示。

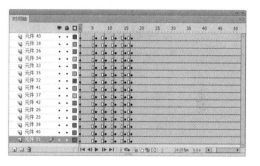

图 5-21

STEP 22 在每个图层的第1~17帧的任意一帧右击鼠标，选择"创建传统补间动画"命令，如图5-22所示。

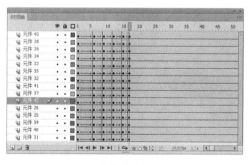

图 5-22

STEP 23 选择所有图层的第1帧，在舞台上，使用任意变形工具将舞台上的所有元件压缩，如图5-23所示。

STEP 24 选择所有图层的第9帧，在舞台上将所有的元件向上移动几个像素，如图5-24所示。

图 5-23

图 5-26

图 5-24

图 5-27

STEP **25** 选择所有图层的第 12 帧，在舞台上将所有的元件向下移动几个像素。移动的距离要比前一步向上移动的距离短些，如图 5-25 所示。

STEP **28** 在时间轴上，将每个图层的第 1~17 帧向后移，使每个图层的补间动画错开播放。原则是舞台内容由下向上播放，由左到右播放，如图 5-28 所示。

图 5-25

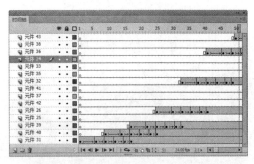

图 5-28

STEP **26** 选择所有图层的第 15 帧，在舞台上将所有的元件向上移动几个像素，如图 5-26 所示。

STEP **27** 选择所有图层的第 17 帧，在舞台上将所有的元件向下移动几个像素，如图 5-27 所示。

STEP **29** 在每个图层的第 160 帧处插入普通帧。返回场景 1，在"内容 2"图层的第 305 帧处插入关键帧，第 306 帧插入空白关键帧，如图 5-29 所示。

STEP **30** 选择"内容 2"图层上的城门，在第 305 帧处将城门向左移动，移动出舞台，如图 5-30 所示。

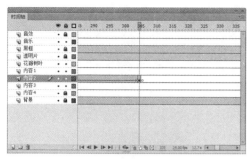

图 5-29

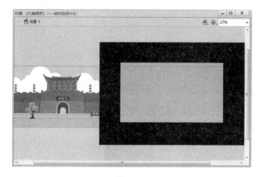

图 5-30

STEP 31 在"内容1"图层的第92帧处插入关键帧，如图5-31所示。

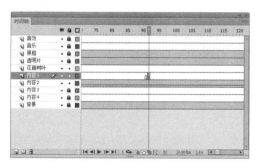

图 5-31

STEP 32 在第92帧处，使用矩形工具绘制一棵树的树干，如图5-32所示。

STEP 33 继续使用矩形工具，为树干添加树枝，绘制一个树枝并复制，粘贴后将其水平翻转，使用任意变形工具将其缩小，将两个树枝分别位于树干两边，如图5-33所示。

STEP 34 使用椭圆工具绘制树叶，并复制若干树叶，大小不一地分布在树干上，

如图5-34所示。

图 5-32

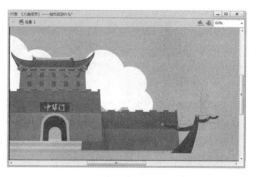

图 5-33

图 5-34

STEP 35 将树干、树枝和各个树叶分别转化为元件。选择整棵树，按下F8键将其转化为元件，双击它进入元件的编辑区，如图5-35所示。

STEP 36 选择树的所有元件，按下Ctrl+Shift+D组合键将元件分散至各个图层，如图5-36所示。

STEP 37 选择各个图层，在每个图层的第6、9、12、14、16帧处插入关键帧，如

图 5-37 所示。

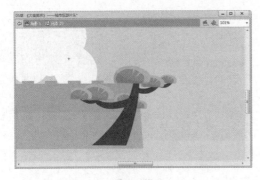

图 5-35

图 5-36

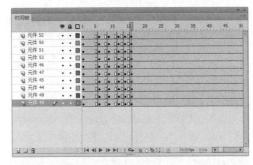

图 5-37

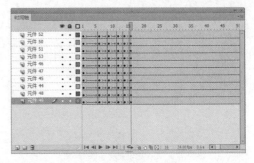

图 5-38

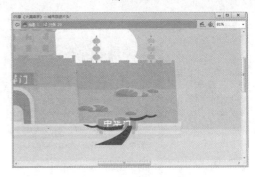

图 5-39

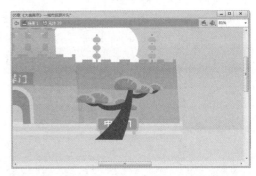

图 5-40

STEP 38 选择各个图层，在每个图层的第 1~16 帧之间的任意一帧处右击鼠标，选择"创建传统补间动画"命令，如图 5-38 所示。

STEP 39 选择各个图层的第 1 帧，在舞台上，使用任意变形工具将树压缩。第 6 帧处保持不动，如图 5-39 所示。

STEP 40 选择各个图层的第 9 帧，在舞台上，将树整体向上移动几个像素，如图 5-40 所示。

STEP 41 选择各个图层的第 12 帧，在舞台上，将树整体向下移动几个像素，如图 5-41 所示。

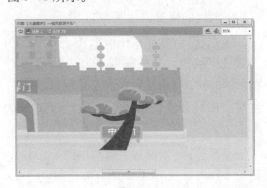

图 5-41

STEP **42** 选择各个图层的第14帧，在舞台上，将树整体向上移动几个像素，如图5-42所示。

图 5-42

STEP **43** 选择各个图层的第16帧，在舞台上，将树整体向下移动几个像素，如图5-43所示。

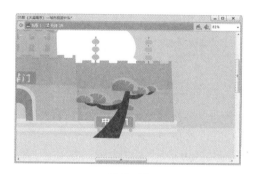

图 5-43

STEP **44** 在时间轴上，将每个图层的第1~16帧向后移，使每个图层的补间动画错开播放。原则是舞台内容由下向上播放，由左到右播放，如图5-44所示。

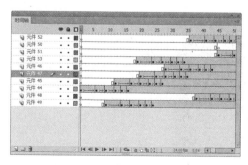

图 5-44

STEP **45** 返回场景1，选择"内容1"

图层，在第305帧处插入关键帧，如图5-45所示。

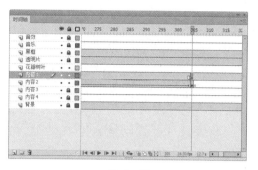

图 5-45

STEP **46** 在第305帧处，将舞台上的树移动至舞台左侧，在第92~305帧之间创建传统补间动画，如图5-46所示。

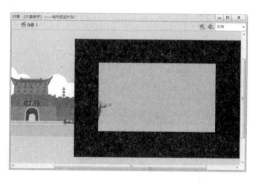

图 5-46

STEP **47** 在"内容3"的第127帧处插入关键帧，如图5-47所示。

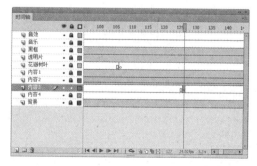

图 5-47

STEP **48** 在第127帧处绘制一个古老的城门。使用矩形工具绘制一个城墙，复制并粘贴一个城墙，如图5-48所示。

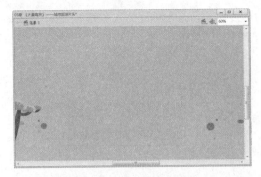

图 5-48

STEP 49 选择绘制好的城墙，按下 F8 键将其转化为图形元件，双击进入元件的编辑区，绘制城墙的细节部分，如图 5-49 所示。

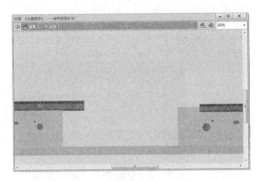

图 5-49

STEP 50 使用矩形工具绘制一个平台，使用颜料桶工具填充颜色，如图 5-50 所示。

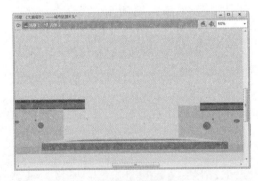

图 5-50

STEP 51 使用矩形工具绘制柱子，为了方便绘制一个柱子，再复制 3 个，这样不仅制作简单，而且能够保证每个柱子大小一致，如图 5-51 所示。

STEP 52 使用矩形工具绘制城门顶部，使用线条工具绘制城门顶部的细节，使用颜料桶工具填充颜色后，将线条删除，如图 5-52 所示。

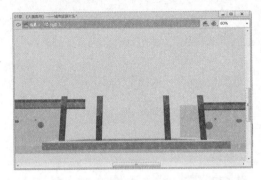

图 5-51

图 5-52

STEP 53 使用矩形工具绘制城门的装饰物，绘制完成后将其复制粘贴，水平翻转复制的装饰物，分别放置在柱子的左右两边，如图 5-53 所示。

图 5-53

STEP 54 使用矩形工具绘制城门中间的装饰物，如图 5-54 所示。

STEP **55** 使用矩形工具绘制城门上半部分的细节，如图 5-55 所示。

图 5-54

图 5-55

STEP **56** 使用矩形工具和铅笔工具，绘制整个城门的上半部分，如图 5-56 所示。

图 5-56

STEP **57** 为城门的周围添加一些景色，使城门更加壮美，使用椭圆工具绘制一些绿色植物，如图 5-57 所示。

STEP **58** 使用铅笔工具绘制远处城楼的剪影，绘制完成后将其复制几个，使用任意变形工具改变复制的剪影的大小，如

图 5-58 所示。

图 5-57

图 5-58

STEP **59** 使用椭圆工具绘制一大片云朵，绘制完成后将其复制几个，放置在城门的最底层，如图 5-59 所示。

图 5-59

STEP **60** 选择城门的每一个部分，按下 F8 键将每一个部分单独转化为图形元件，如图 5-60 所示。

STEP **61** 选择所有的元件，按下 Ctrl+Shift+D 组合键，将所有元件分散至各个图层，如图 5-61 所示。

图 5-60

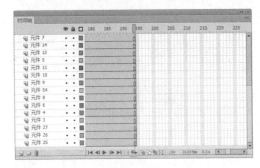

图 5-61

STEP **62** 选择所有图层，分别在每个图层的第 6、9、12、14、16 帧处插入关键帧，如图 5-62 所示。

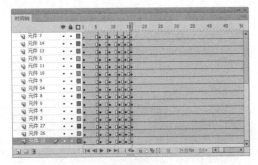

图 5-62

STEP **63** 选择所有图层，在第 1~16 帧之间创建传统补间动画，如图 5-63 所示。

STEP **64** 选择所有图层的第 1 帧处，使用任意变形工具，将舞台上的所有元件压缩变形，如图 5-64 所示。

STEP **65** 选择所有图层的第 6 帧处保持不变，选择第 9 帧，将舞台上所有元件向下移动几个像素，如图 5-65 所示。

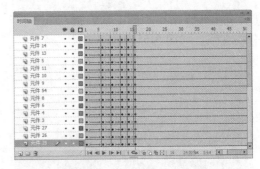

图 5-63

图 5-64

图 5-65

STEP **66** 选择所有图层的第 12 帧，将舞台上所有元件向上移动几个像素，如图 5-66 所示。

图 5-66

STEP 67 选择所有图层的第 14 帧，将舞台上所有元件向上移动几个像素，如图 5-67 所示。

图 5-67

STEP 68 选择所有图层的第 16 帧，将舞台上所有元件向下移动几个像素。这样做，使得动画更加生动，有动感，如图 5-68 所示。

图 5-68

STEP 69 在时间轴上，将每个图层的第 1~16 帧向后移，使每个图层的补间动画错开播放。原则是舞台内容由下向上播放，由左到右播放，如图 5-69 所示。

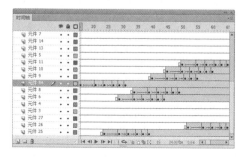

图 5-69

STEP 70 返回场景 1，在"内容 3"图层的第 127 帧处，将城门元件放置在"中华门"的右侧，如图 5-70 所示。

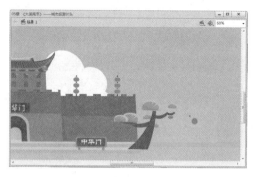

图 5-70

STEP 71 在"内容 3"图层的第 305 帧处插入关键帧，将该帧处舞台上的元件向左移动至舞台中间位置，如图 5-71 所示。

图 5-71

STEP 72 在"内容 3"图层的第 127~305 帧之间创建传统补间动画，如图 5-72 所示。

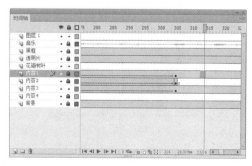

图 5-72

STEP 73 在"内容 1"和"内容 3"图层的第 313 帧处插入关键帧，在这两个图

CHAPTER 01
CHAPTER 02
CHAPTER 03
CHAPTER 04
CHAPTER 05

105

层的第305~313帧之间创建传统补间动画，
如图 5-73 所示。

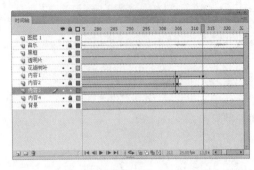

图 5-73

STEP 74 选择"内容1"和"内容3"图层，
使用任意变形工具将舞台上的元件放大，
如图 5-74 所示。

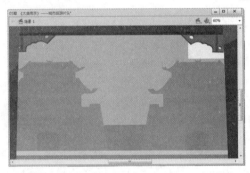

图 5-74

STEP 75 选择舞台上放大后的元件，
在"属性"面板中，调整其色彩效果，将
Alpha 值调整为 0，如图 5-75 所示。

图 5-75

STEP 76 选择"内容1"和"内容3"图层，
在时间轴的第 314 帧处插入空白关键帧，
如图 5-76 所示。

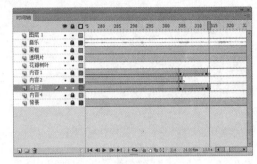

图 5-76

STEP 77 在"内容1"和"内容3"图
层的第 313 帧处插入关键帧，在这两个图
层的第305~313帧之间创建传统补间动画，
如图 5-77 所示。

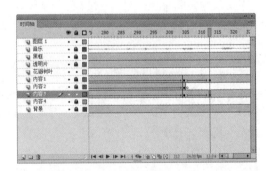

图 5-77

STEP 78 选择"内容4"图层，在第
310 帧处插入空白关键帧，如图 5-78 所示。

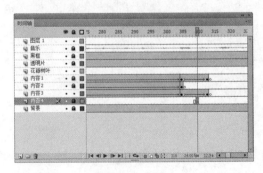

图 5-78

STEP 79 在该帧处绘制"中山陵"，使
用矩形工具绘制一个地面，按下F8键将其

转化为图形元件，双击它进入元件的编辑区，如图5-79所示。

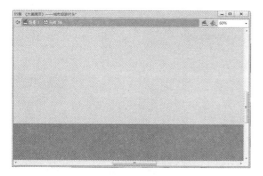

图 5-79

STEP 80 使用矩形工具和椭圆工具，绘制一个平台和树，如图5-80所示。

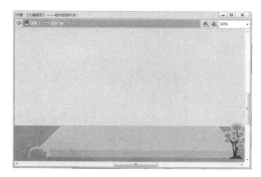

图 5-80

STEP 81 使用铅笔工具绘制一棵松树，绘制完成后将其复制并水平翻转，分别放置在左右两边，如图5-81所示。

图 5-81

STEP 82 使用矩形工具绘制楼梯边缘，绘制完成后将其复制并水平翻转，分别放置在左右两边，如图5-82所示。

图 5-82

STEP 83 使用矩形工具，逐个绘制台阶，绘制完成后逐个将其转化为元件，如图5-83所示。

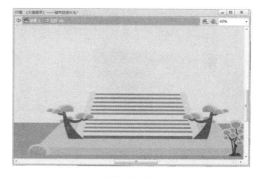

图 5-83

STEP 84 使用矩形工具绘制柱子，绘制完成后再复制出一个，使用任意变形工具将其缩小，复制这两个柱子并水平翻转。复制绘制好的树，粘贴至柱子旁边，如图5-84所示。

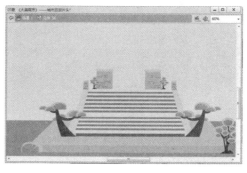

图 5-84

STEP 85 使用矩形工具绘制"中山陵"的下半部分，如图5-85所示。

CHAPTER 01

CHAPTER 02

CHAPTER 03

CHAPTER 04

CHAPTER 05

107

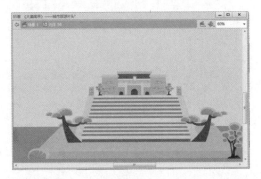

图 5-85

STEP 86 使用矩形工具绘制"中山陵"的上半部分，然后再绘制"中山陵"的牌匾，如图 5-86 所示。

图 5-86

STEP 87 使用椭圆工具绘制云朵和山脉，放置在舞台的最底层，如图 5-87 所示。

图 5-87

STEP 88 选择"中山陵"的所有部件，逐个将其转化为图形元件。选择所有的元件，按下 Ctrl+Shift+D 组合键，将所有元件分散至各个图层，如图 5-88 所示。

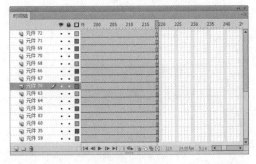

图 5-88

STEP 89 在每个图层的第 6、9、12、14、16、18 帧处插入关键帧，在所有图层的第 1~18 帧之间创建传统补间动画，如图 5-89 所示。

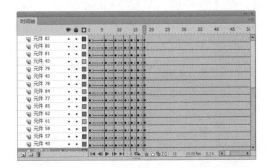

图 5-89

STEP 90 选择所有图层的第 1 帧，使用任意变形工具将舞台上所有元件压缩，如图 5-90 所示。

图 5-90

STEP 91 所有图层的第 6 帧处，舞台上的元件位置保持不变。选择第 9 帧，将舞台上所有元件向下移动几个像素，如图 5-91 所示。

图 5-91

STEP 92 选择所有图层的第 12 帧，将舞台上所有元件向上移动几个像素。选择第 14 帧，将所有元件向下移动几个像素，如图 5-92 所示。

图 5-92

STEP 93 选择所有图层的第 16 帧，将舞台上所有元件向上移动几个像素。选择第 18 帧，将所有元件向下移动几个像素，如图 5-93 所示。

图 5-93

STEP 94 在时间轴上，将每个图层的第 1~18 帧向后移，使每个图层的补间动画错

开播放。原则是舞台内容由下向上播放，由左到右播放，如图 5-94 所示。

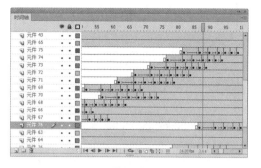

图 5-94

STEP 95 返回场景 1，选择"内容 4"图层的第 310 帧处，将"中山陵"元件调整至舞台中间位置，并在第 477 帧处插入空白关键帧，如图 5-95 所示。

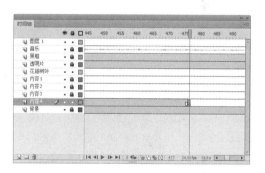

图 5-95

STEP 96 选择"内容 3"的第 478 帧处，插入空白关键帧，在该帧处的舞台上绘制"奥体中心"，如图 5-96 所示。

图 5-96

STEP 97 选择舞台上的所有内容，按下

F8 键将其转化为图形元件，进入元件的编辑区，将"奥体中心"的各个部件逐个转化为元件，如图 5-97 所示。

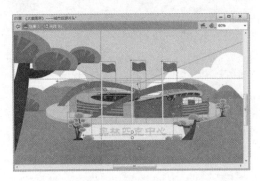

图 5-97

STEP 98 选择所有的元件，按下 Ctrl+Shift+D 组合键，将所有元件分散至各个图层，如图 5-98 所示。

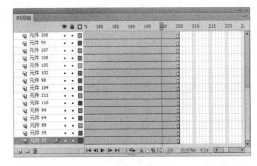

图 5-98

STEP 99 选择所有图层，在第 6、9、12、14、16 帧处插入关键帧，在第 1~16 帧之间创建传统补间动画，如图 5-99 所示。

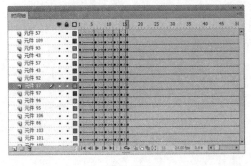

图 5-99

STEP 100 选择所有图层的第 1 帧，使用

任意变形工具将舞台上所有元件压缩，如图 5-100 所示。

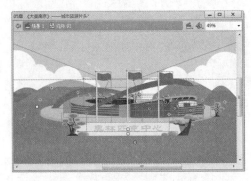

图 5-100

STEP 101 选择所有图层的第 6 帧处，舞台上的元件位置保持不变。选择第 9 帧，将舞台上所有元件向下移动几个像素，如图 5-101 所示。

图 5-101

STEP 102 选择所有图层的第 12 帧，将舞台上所有元件向上移动几个像素。选择第 14 帧，将所有元件向下移动几个像素，如图 5-102 所示。

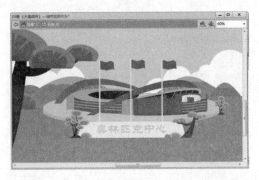

图 5-102

STEP 103 选择所有图层的第16帧，将舞台上的所有元件向上移动几个像素，如图 5-103 所示。

图 5-103

STEP 104 在时间轴上，将每个图层的第1~16帧向后移，使每个图层的补间动画错开播放。原则是舞台内容由下向上播放，由左到右播放，如图 5-104 所示。

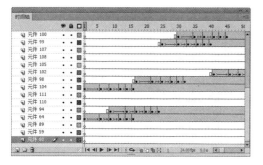

图 5-104

STEP 105 返回场景1，选择图层"内容3"的第478帧处，调整"奥体中心"至舞台中心位置。并在第663帧处插入空白关键帧，如图 5-105 所示。

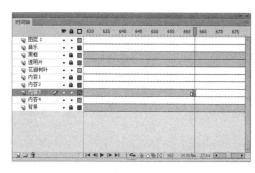

图 5-105

STEP 106 复制之前绘制好的"中华门""中山陵""老城门"粘贴至图层"内容3"的第663帧处的舞台上，如图 5-106 所示。

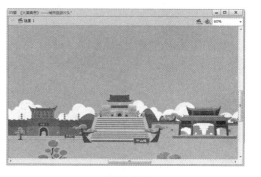

图 5-106

STEP 107 返回场景1，选择图层"内容3"的第478帧处，调整"奥体中心"至舞台中心位置，并在第663帧处插入空白关键帧，如图 5-107 所示。

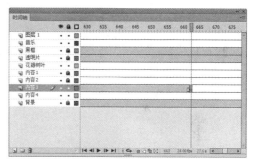

图 5-107

STEP 108 复制之前绘制好的"中华门""中山陵""老城门"粘贴至图层"内容3"的第663帧处的舞台上，如图 5-108 所示。

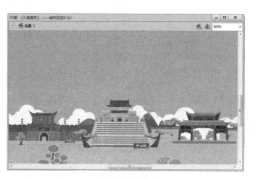

图 5-108

STEP 109 在图层"内容 4"的第 663 帧处插入空白关键帧。使用矩形工具，在舞台上半部分绘制一个矩形，并转化为元件，如图 5-109 所示。

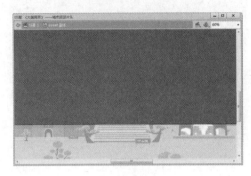

图 5-109

STEP 110 进入元件的编辑区，新建一个图层，使用矩形工具绘制几道放射状的光线，如图 5-110 所示。

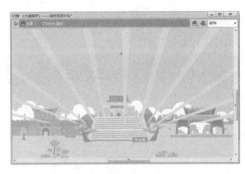

图 5-110

STEP 111 在矩形图层，右击鼠标选择"遮罩层"命令，将其转化为遮罩层。在光线图层上的第 3、5、7 帧处插入关键帧，第 8 帧处插入普通帧，如图 5-111 所示。

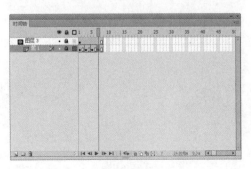

图 5-111

STEP 112 分别选择第 3、5、7 帧处的光线，调整光线方向，使其动起来成一个旋转的光线，如图 5-112 所示。

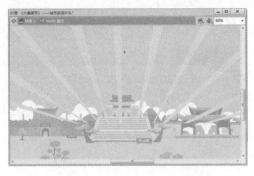

图 5-112

STEP 113 返回场景 1，调整光线至舞台中间。在属性面板设置其属性，将色调设置为浅蓝色，如图 5-113 所示。

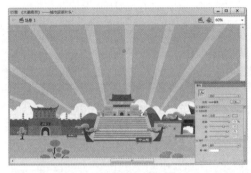

图 5-113

STEP 114 在"内容 2"图层的第 691 帧处插入空白关键帧，使用文本工具在舞台上输入文字，输入完成后将其打散，调整文字的颜色并转化为元件，如图 5-114 所示。

图 5-114

STEP 115 双击文字进入元件的编辑区，使用矩形工具绘制一个矩形，矩形大小恰好遮住第二行的小字。将四个文字和第二行的小字分别转化为元件，如图5-115所示。

图 5-115

STEP 116 选择舞台上所有的文字和矩形，按下 Ctrl+Shift+D 组合键将其分散至各个图层，如图5-116所示。

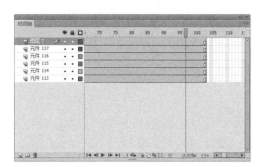

图 5-116

STEP 117 选择四个大字所在的图层，在第7、11、14、17帧插入关键帧，在第1~17帧之间创建传统补间动画，如图5-117所示。

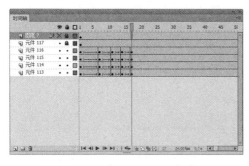

图 5-117

STEP 118 选择第1帧，将四个大字向上移动，如图5-118所示。

图 5-118

STEP 119 保持第7帧舞台上的内容不变，在第11帧将四个大字向上移动几个像素，在第14帧将四个大字向下移动几个像素，在第17帧将四个大字向上移动几个像素，如图5-119所示。

图 5-119

STEP 120 选择矩形所在的图层，在第17帧处插入关键帧，选择第1帧处的矩形，使用任意变形工具将其向左侧压缩，如图5-120所示。

图 5-120

CHAPTER 01
CHAPTER 02
CHAPTER 03
CHAPTER 04
CHAPTER 05

STEP 121 选择矩形所在的图层，在第
1~17 帧之间创建形状补间动画。选择该图
层后右击鼠标选择"遮罩层"命令，将其
转化为遮罩层，如图 5-121 所示。

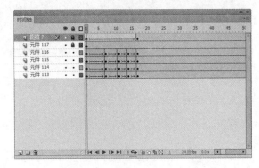

图 5-121

STEP 122 选择各个图层的第 1~17 帧，
将其向后移动，按照文本顺序播放，如
图 5-122 所示。

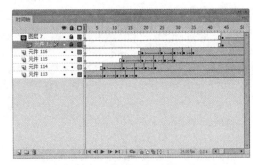

图 5-122

STEP 123 返回场景 1，执行"插入"|"新
建元件"命令，创建图形元件命名为"花
瓣 1"。使用铅笔工具绘制一个花瓣，如
图 5-123 所示。

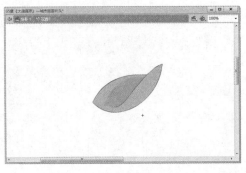

图 5-123

STEP 124 在第 3 帧处插入关键帧，使
用铅笔工具绘制花瓣的下一帧动作，如
图 5-124 所示。

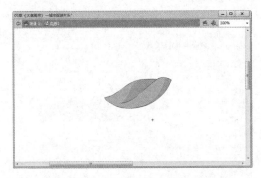

图 5-124

STEP 125 在第 5 帧处插入关键帧，使
用铅笔工具绘制花瓣的下一帧动作，如
图 5-125 所示。

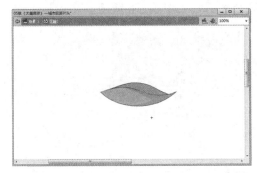

图 5-125

STEP 126 在第 7 帧处插入关键帧，使
用铅笔工具绘制花瓣的下一帧动作，如
图 5-126 所示。

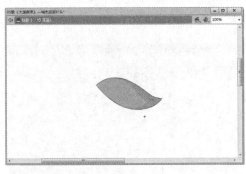

图 5-126

STEP 127 在第 9 帧处插入关键帧，使

用铅笔工具绘制花瓣的下一帧动作，如图 5-127 所示。

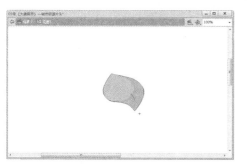

图 5-127

STEP 128 在第 11 帧处插入关键帧，使用铅笔工具绘制花瓣的下一帧动作，如图 5-128 所示。

图 5-128

STEP 129 返回场景 1，新建元件，将"花瓣 1"元件拖至舞台，并复制三个，按下 Ctrl+Shift+D 组合键将其分散至各个图层。在每个图层上右击鼠标，选择"添加引导层"命令，为每个图层添加引导层，使用铅笔工具，在引导层上绘制曲线，如图 5-129 所示。

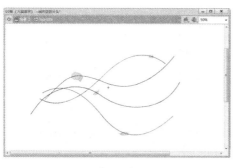

图 5-129

STEP 130 将"花瓣 1"元件的中心点对准相应引导层上曲线的端点，如图 5-130 所示。

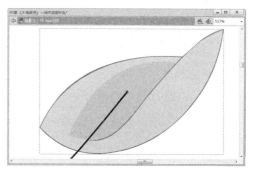

图 5-130

STEP 131 分别在花瓣所在图层的 39、44、48 帧处插入关键帧，将各个花瓣移至曲线的另一端，在第 1~39 帧之间创建传统补间动画，这样花瓣便沿着曲线路径移动，如图 5-131 所示。

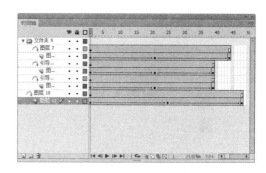

图 5-131

STEP 132 在时间轴上，将不同的花瓣图层和相应的引导层向后移动，如图 5-132 所示。

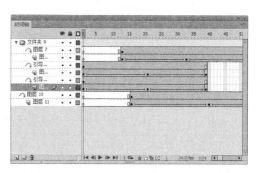

图 5-132

STEP 133 返回场景 1，选择"花瓣树叶"图层，将库中刚刚制作的花瓣元件拖至舞台合适位置，如图 5-133 所示。

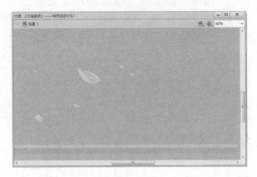

图 5-133

STEP 134 选择"花瓣树叶"图层，在第 107 帧处插入空白关键帧，使用同样的方法绘制树叶飘动的元件动画，如图 5-134 所示。

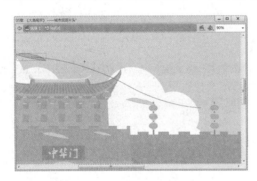

图 5-134

STEP 135 多复制几个树叶飘动的元件，放置在舞台的合适位置，如图 5-135 所示。

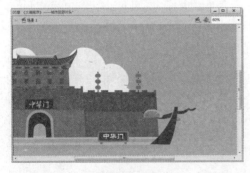

图 5-135

STEP 136 选择"花瓣树叶"图层，在第 313 帧处插入空白关键帧；在第 315 帧处插

入空白关键帧，将花瓣飘落的元件拖至舞台合适位置；在第 736 帧处插入空白关键帧，如图 5-136 所示。

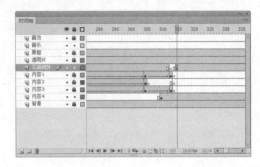

图 5-136

STEP 137 在"内容 1"图层的第 471 帧处插入关键帧，使用铅笔工具绘制一个花瓣并转化为元件。将花瓣放置在舞台的右上角，调整其 Alpha 值为 60%，如图 5-137 所示。

图 5-137

STEP 138 在"内容 1"图层的第 477 帧处插入关键帧，使用任意变形工具将花瓣放大至舞台大小，如图 5-138 所示。

图 5-138

STEP 139 复制第 471 帧，粘贴至第 483 帧；在第 471~483 帧之间创建传统补间动画；在第 484 帧处插入空白关键帧，如图 5-139 所示。

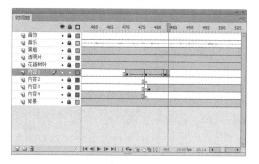

图 5-139

STEP 140 复制第 471~483 帧并粘贴至第 657~670 帧，如图 5-140 所示。

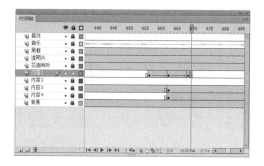

图 5-140

STEP 141 选择"内容 1"图层，在第 805 帧处插入空白关键帧，使用矩形工具绘制一个舞台，如图 5-141 所示。

图 5-141

STEP 142 选择"内容 1"图层，在第 827 帧处插入关键帧。选择第 805 帧处的矩形，在属性面调整其透明度为 0%。在第 805~827 帧之间创建形状补间动画，如图 5-142 所示。

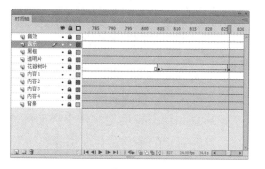

图 5-142

STEP 143 在所有图层的第 845 帧处插入普通帧。选择"音乐"图层，将库中的背景音乐拖至舞台，为动画添加背景音乐。选择合适的位置，在"音效"图层，为动画添加音效，如图 5-143 所示。

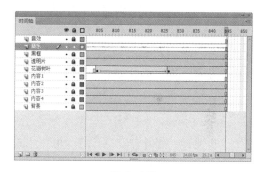

图 5-143

STEP 144 至此动画制作完成，按下 Ctrl+Enter 组合键导出动画并预览，如图 5-144 所示。

图 5-144

【听我讲】

5.1　引导动画的原理

　　引导动画是物体沿着一个设定的线段做运动，只要固定起始点和结束点，物体就可以沿着线段运动，这条线段就是所谓的引导线。

　　引导层和被引导层是制作引导动画的必需图层。引导层位于被引导层的上方，在引导层中绘制对象的运动路径。引导层是 Flash 中的一种特殊图层，在影片中起辅助作用。引导层不会导出，因此不会显示在发布的 SWF 文件中，而与之相连接的被引导层则沿着引导层中的路径运动。

　　引导层是用来指示对象运行路径的，必须是打散的图形。路径不要出现太多交叉点。被引导层中的对象必须依附在引导线上。简单地说，在动画的开始和结束帧上，让元件实例的变形中心点吸附到引导线上。

5.2　引导动画的创建

　　创建引导层动画必须具备两个条件：一是路径，二是在路径上运动的对象。一条路径上可以有多个对象运动，引导路径都是一些静态线条，在播放动画时路径线条不会显示。

　　引导动画最基本的操作就是使一个运动动画附着在引导线上。所以操作时要特别注意引导线的两端，被引导的对象起始点、终点的两个中心点一定要对准引导线的两个端头。在此，将通过一个案例的制作详细介绍创建引导动画的方法。

STEP 01 新建 Flash 文档，导入背景图片，如图 5-145 所示。

STEP 02 新建图层 2，使用椭圆工具绘制一个圆形，将其转化为元件，如图 5-146 所示。

图 5-145

图 5-146

STEP 03 选择图层 2，使用鼠标右击后选择"添加传统运动引导层"命令，如图 5-147 所示。

STEP 04 在引导层上使用铅笔工具绘制一条曲线作为小球的运动路径，如图 5-148 所示。

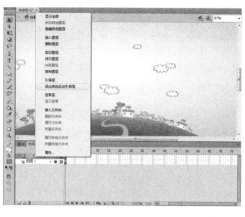

图 5-147

图 5-148

STEP **05** 选择小球，调整其位置，将小球的中心点对准曲线的一个端点，如图 5-149 所示。

STEP **06** 在所有图层的第 25 帧处插入帧，在图层 2 的第 25 帧处插入关键帧，如图 5-150 所示。

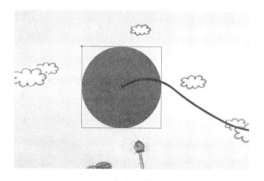

图 5-149

图 5-150

STEP **07** 选择第 25 帧处的小球，调整其位置，将小球的中心点对准曲线的另一个端点，如图 5-151 所示。

STEP **08** 选择图层 2，在第 1~25 帧之间创建传统补间动画，如此，小球就按照曲线的轨迹运动了，如图 5-152 所示。

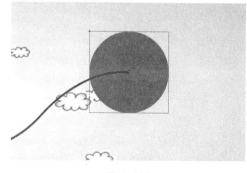

图 5-151

图 5-152

【自己练】

项目练习 1：制作花瓣飘落

效果如图 5-153 所示。

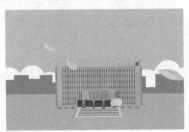

图 5-153

💻 制作流程：

STEP 01 绘制动画的场景，场景的各个部分分开绘制，绘制完成后将其各个部分转化为元件。

STEP 02 制作场景的入场动画，将场景的各个部分元件分散至各个图层，制作场景的补间动画。

STEP 03 绘制花瓣并转化为元件，制作花瓣飘动的逐帧动画，绘制花瓣飘动的运动轨迹，添加引导层。

STEP 04 将飘动的花瓣放置在舞台上。

项目练习 2：制作鸟儿曲线飞舞

效果如图 5-154 所示。

图 5-154

💻 制作流程：

STEP 01 绘制鸟儿的飞行动作，将其转化为元件。

STEP 02 制作鸟儿的飞行动作的逐帧动画，绘制扇动的翅膀。

STEP 03 制作鸟儿的飞行轨迹，添加运动引导层。制作鸟儿的飞行动画。

STEP 04 新建图层，绘制动画的背景。

第 6 章

制作网页广告
——遮罩动画详解

本章概述:

　　本章通过智能手机宣传广告的制作来介绍遮罩动画的设计思路。通过对本案例的模仿练习,可以让读者充分了解网页广告的制作方法与设计技巧,从而能够设计出更为出色、合理的网页片头。

要点难点:

　　遮罩动画的原理　★★☆
　　遮罩动画的创建　★★☆
　　手机宣传广告的制作　★★★

案例预览:

【跟我学】制作智能手机宣传广告

📺 案例描述

这里将以智能手机宣传广告的制作为例。该案例综合运用了遮罩动画和补间动画的知识。通过学习该案例，读者可以熟悉综合动画的制作方式，掌握遮罩层的运用方法。

📺 制作过程

STEP 01 新建一个 Flash 文档，设置其文档属性，舞台大小为 1280 像素×720 像素，帧频为 24，如图 6-1 所示。

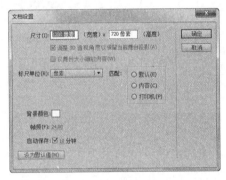

图 6-1

STEP 02 执行"文件"|"导入"|"导入到库"命令，将素材"背景1""背景2"、Music6.wav 导入到库中备用，如图 6-2 所示。

图 6-2

STEP 03 在时间轴上，新建 6 个图层，分别命名为"音乐""黑框""内容1""内容2""内容3""内容4""背景"如图 6-3 所示。

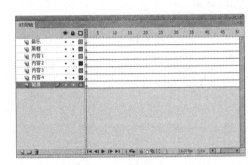

图 6-3

STEP 04 选择"黑框"图层，使用矩形工具在舞台上绘制一个矩形，包围舞台，在后期制作中可以直观地看出舞台的大小，如图 6-4 所示。

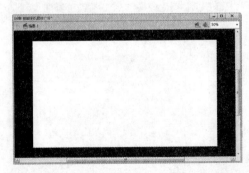

图 6-4

STEP 05 选择"背景"图层，将库中的素材"背景1"拖至舞台合适位置，如图 6-5 所示。

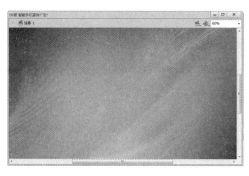

图 6-5

STEP 06 选择"内容 3"图层，在第 6 帧处，使用线条工具在舞台的中间绘制一条竖线。竖线不用太长，如图 6-6 所示。

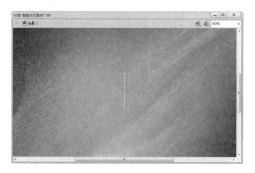

图 6-6

STEP 07 选择"内容 3"图层，在第 15 帧处插入关键帧，在第 6~15 帧之间创建形状补间动画，如图 6-7 所示。

图 6-7

STEP 08 选择"内容 3"图层的第 6 帧处，在舞台上，使用任意变形工具将线条缩短，如图 6-8 所示。

STEP 09 执行"插入"|"新建元件"命令，新建一个影片剪辑元件，进入元件的编辑

区，使用矩形工具调整其属性值，绘制一个圆角矩形，如图 6-9 所示。

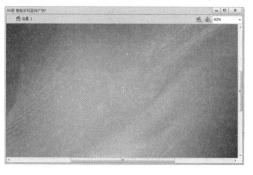

图 6-8

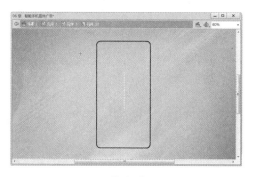

图 6-9

STEP 10 使用任意变形工具，选择"扭曲"按钮，调整矩形的形状，如图 6-10 所示。

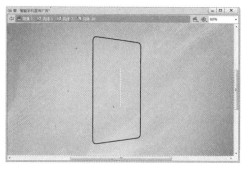

图 6-10

STEP 11 使用颜料桶工具为矩形填充颜色，颜色为银色。复制一个矩形，对其进行微调，使其看起来像手机的侧面，如图 6-11 所示。

STEP 12 使用颜料桶工具在颜色面板调整颜色属性，选择线性渐变，将颜色设置

为银色到白色再到银色的渐变，并将线条颜色删除，如图 6-12 所示。

性渐变，如图 6-15 所示。

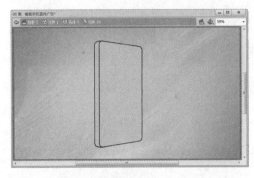

图 6—11

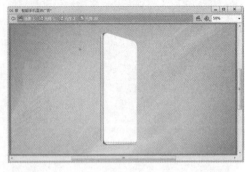

图 6—14

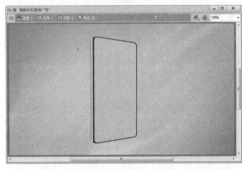

图 6—12

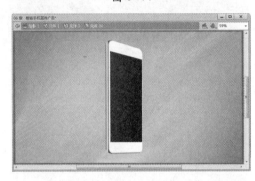

图 6—15

STEP 13 使用颜料桶工具将手机正面设置为白色，将线条删除，如图 6-13 所示。

STEP 16 使用椭圆工具为手机绘制一个按钮，注意绘制按钮的细节，如图 6-16 所示。

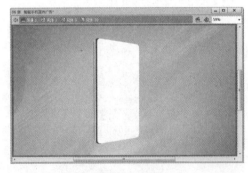

图 6—13

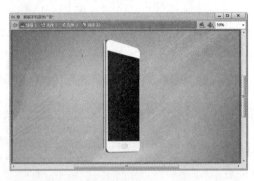

图 6—16

STEP 14 复制手机的正面，按下 Ctrl+Shift+V 组合键将其原位置粘贴，删除上半部分，留下最下面的转角部分，使用线性渐变为其添加颜色，如图 6-14 所示。

STEP 15 使用矩形工具，绘制手机屏幕，颜色设置为 #4D5659 到 #132E34 的线

STEP 17 使用椭圆工具，绘制一个椭圆，使用任意变形工具适当改变椭圆的形状，如图 6-17 所示。

STEP 18 使用椭圆工具和矩形工具绘制手机上的一些按钮符号，如图 6-18 所示。

STEP 19 使用椭圆工具绘制手机上的细节部分，如图 6-19 所示。

图 6-17

图 6-18

图 6-19

STEP 20 复制一个手机，使用任意变形工具按下 Shift 键，将复制出的手机等比例缩小，如图 6-20 所示。

图 6-20

STEP 21 返回场景 1，在"内容 1"图层的第 24 帧处，插入空白关键帧，如图 6-21 所示。

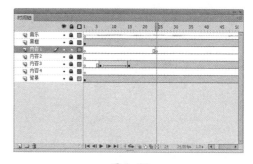

图 6-21

STEP 22 选择第 24 帧处，将绘制的两个手机的影片剪辑元件拖至舞台合适位置，使用文本工具输入文字，如图 6-22 所示。

图 6-22

STEP 23 选择手机元件，在"属性"面板为其添加投影滤镜，设置其属性，并将其转化为图形元件，如图 6-23 所示。

图 6-23

STEP 24 选择"内容 1"图层的第 24 帧处,选择舞台上的所有内容将其转化为图形元件,双击进入元件的编辑区。将文本转化为元件,如图 6-24 所示。

图 6-24

STEP 25 选择文本和手机元件,按下 Ctrl+Shift+D 组合键将两个元件分散至各个图层,如图 6-25 所示。

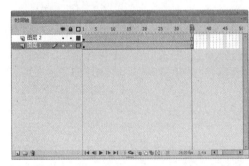

图 6-25

STEP 26 分别在两个图层上方新建图层,在文本所在图层的上方图层中,绘制一个矩形,恰好遮住文字,如图 6-26 所示。

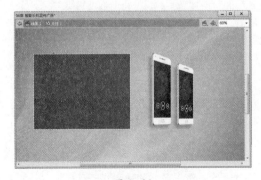

图 6-26

STEP 27 在手机所在图层的上方图层中,绘制一个矩形,恰好遮住手机,如图 6-27 所示。

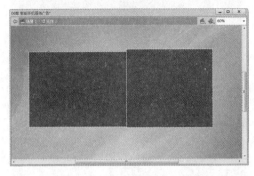

图 6-27

STEP 28 分别将两个矩形所在图层转化为遮罩层,如图 6-28 所示。

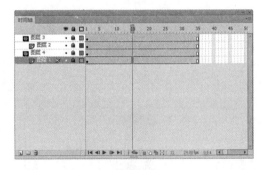

图 6-28

STEP 29 分别选择文本和手机所在图层的第 15 帧处,将其转换为关键帧,在第 1~15 帧之间创建传统补间动画,如图 6-29 所示。

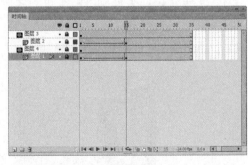

图 6-29

STEP 30 选择文本和手机所在图层的第

1 帧处。移动文本和手机的位置，将两个位置互换，如图 6-30 所示。

图 6-30

STEP **31** 选择手机所在图层的第 1~15 帧，将其向后拖曳，移动至第 19~33 帧，如图 6-31 所示。

图 6-31

STEP **32** 返回场景 1，在"内容 1"和"内容 3"的第 82、97 帧处插入关键帧，在第 98 帧处插入空白关键帧。在"背景"图层的第 97 帧处插入空白关键帧，如图 6-32 所示。

图 6-32

STEP **33** 选择"内容 4"图层的第 82

帧处，插入空白关键帧，使用矩形工具绘制一个矩形，颜色为深蓝色到蓝色的线性渐变，如图 6-33 所示。

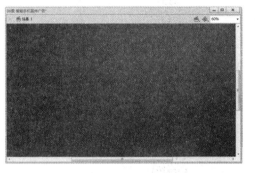

图 6-33

STEP **34** 选择绘制好的矩形，按下 F8 键将其转化为图形元件，选择"内容 4"图层的第 97 帧处，将其转化为关键帧，如图 6-34 所示。

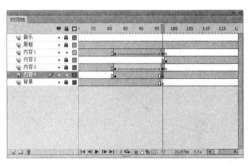

图 6-34

STEP **35** 选择"内容 4"图层的第 82 帧处，选择矩形，在其属性面板中将 Alpha 值调整为 0，在第 82~97 帧之间创建传统补间动画，如图 6-35 所示。

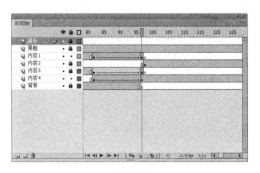

图 6-35

STEP 36 选择"内容 1"图层的第 97 帧处。将该帧处的元件向上移动，移出舞台，如图 6-36 所示。

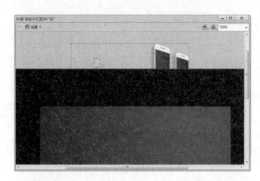

图 6-36

STEP 37 选择"内容 3"图层的第 97 帧处，将该帧处的线条向上移动，移出舞台，在"内容 2"图层的第 98 帧处插入空白关键帧，如图 6-37 所示。

图 6-37

STEP 38 选择"内容 2"图层的第 98 帧，使用矩形工具绘制一个手机背面，如图 6-38 所示。

图 6-38

STEP 39 选择绘制好的手机，按下 F8 键将其转化为图形元件，双击它进入元件的编辑区，如图 6-39 所示。

图 6-39

STEP 40 在图层 1 的上方新建图层 2，复制手机，并原位置粘贴在新建的图层上，如图 6-40 所示。

图 6-40

STEP 41 将图层 1 上的手机颜色删除，只保留线条。使用颜料桶工具为手机填充颜色，在属性面板选择线性渐变，颜色为浅灰色到透明再到浅灰色的渐变，如图 6-41 所示。

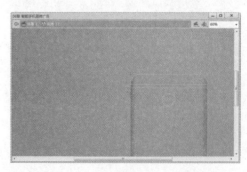

图 6-41

STEP 42 在图层1上方新建图层3，使用矩形工具绘制几个矩形，如图6-42所示。

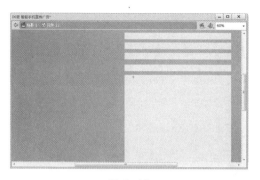

图6-42

STEP 43 将绘制好的矩形选中，按下F8键将其转化为元件，选择图层3，在第25帧处插入关键帧。选择图层2，在第90帧处插入关键帧，在第1帧处，将舞台上的手机删除，如图6-43所示。

图6-43

STEP 44 在图层3上，选择第1帧，将矩形向舞台下方移动，移出舞台，在第1~25帧之间创建传统补间动画，如图6-44所示。

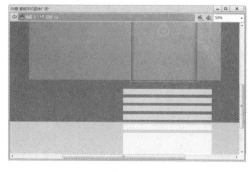

图6-44

STEP 45 选择图层3，右击鼠标后选择"遮罩层"命令，将图层3转化为遮罩层，如图6-45所示。

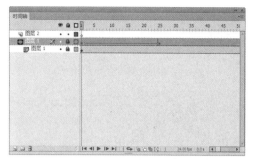

图6-45

STEP 46 选择图层2，在第114帧处插入关键帧，在第90~114帧之间创建传统补间动画，如图6-46所示。

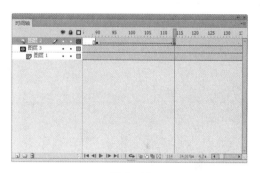

图6-46

STEP 47 选择图层2的第90帧，选择舞台上的手机，在属性面板将手机元件的Alpha值调整为0，如图6-47所示。

图6-47

STEP 48 在图层2上方新建两个图层，选择图层4，在第55帧处插入空白关键帧，在舞台上使用文本工具输入文字，如图6-48所示。

图 6-48

STEP 49 选择图层5，在第35帧处插入空白关键帧，在舞台上使用文本工具输入文字，如图6-49所示。

图 6-49

STEP 50 选择图层4，在第66帧处插入关键帧，选择第55帧，将该帧处的文本向左侧移动，移出舞台，如图6-50所示。

图 6-50

STEP 51 选择图层4，在第114帧处插入关键帧，并且将该帧处的文本向右侧移动一小段距离，如图6-51所示。

图 6-51

STEP 52 选择图层4，在第55~114帧之间创建传统补间动画，如图6-52所示。

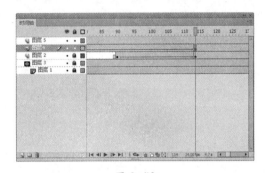

图 6-52

STEP 53 选择图层5，在第47帧处插入关键帧，选择第35帧，将该帧处的文本向左侧移动，移出舞台，如图6-53所示。

图 6-53

STEP 54 选择图层5，在第114帧处插入关键帧，并且将该帧处的文本向右侧移动一小段距离，如图6-54所示。

图 6-54

STEP 55 选择图层5，在第35~114帧之间创建传统补间动画，如图6-55所示。

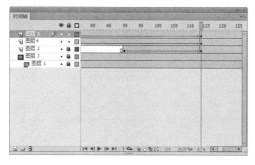

图 6-55

STEP 56 返回场景1，选择"内容2""内容4""背景"图层，在其第233帧处插入关键帧，如图6-56所示。

图 6-56

STEP 57 在"内容2"图层的第245帧处插入关键帧，将舞台上的元件向下移动，移出舞台，如图6-57所示。

STEP 58 选择"内容2"图层，在第233~245帧之间创建传统补间动画，在第

246帧处插入空白关键帧，如图6-58所示。

图 6-57

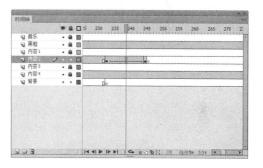

图 6-58

STEP 59 在"内容4"图层的第245帧处插入关键帧，选择该帧处的元件，在属性面板将Alpha值调整为0，如图6-59所示。

图 6-59

STEP 60 选择"内容4"图层，在第233~245帧之间创建传统补间动画，在第246帧处插入空白关键帧，如图6-60所示。

STEP 61 在"背景"图层的第233帧处，将库中的素材"背景2"拖至舞台的合适位置，如图6-61所示。

CHAPTER 06

CHAPTER 07

CHAPTER 08

CHAPTER 09

CHAPTER 10

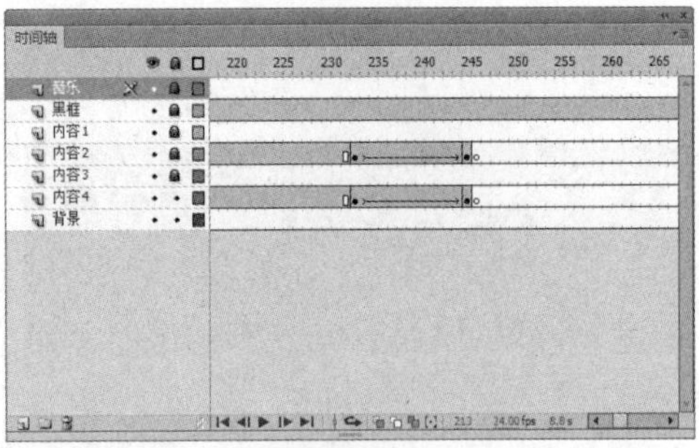

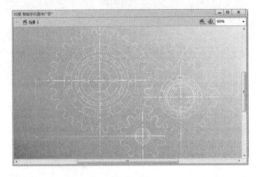

图 6-60

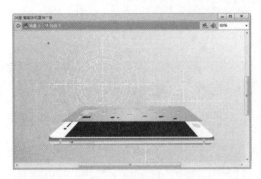

图 6-63

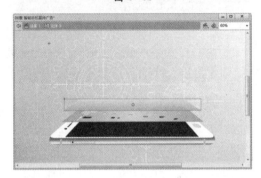

图 6-64

图 6-61

STEP 62 在"内容 1"图层的第 245 帧处插入空白关键帧，将之前绘制的手机复制，注意是复制手机图形，不要复制元件，粘贴至该帧处，并稍作调整，如图 6-62 所示。

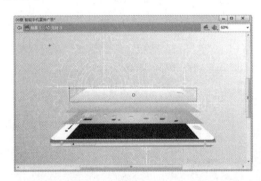

图 6-62

STEP 63 选择手机将其转化为图形元件，双击它进入元件的编辑区，使用矩形工具绘制手机的零件并将其转化为元件，如图 6-63 所示。

STEP 64 继续绘制手机的零件，绘制完成后按下 F8 键将其转化为元件，如图 6-64 所示。

STEP 65 继续绘制手机的零件，绘制完成后按下 F8 键将其转化为元件，如图 6-65 所示。

图 6-65

STEP 66 使用文本工具输入文字并将其转化为图形元件，如图 6-66 所示。

STEP 67 选择舞台上的所有元件，按下 Ctrl+Shift+D 组合键，将其分散至各个图层，如图 6-67 所示。

STEP 68 选择手机元件所在的图层，在第 12 帧处插入关键帧，在第 1~12 帧处创建传统补间动画，如图 6-68 所示。

图 6-66

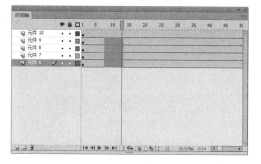

图 6-67

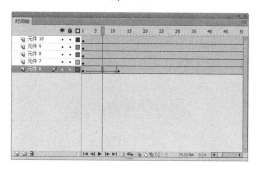

图 6-68

STEP 69 选择手机所在图层的第 1 帧处，将手机向下移动，移出舞台，如图 6-69 所示。

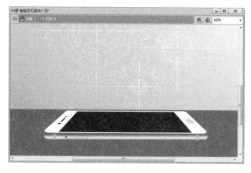

图 6-69

STEP 70 将手机零件所在图层的第 1 帧移动至第 16 帧，在第 23 帧处插入关键帧，在第 16~23 帧之间创建传统补间动画，如图 6-70 所示。

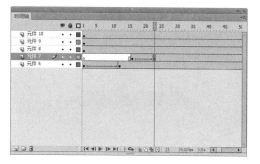

图 6-70

STEP 71 选择第 16 帧，将该处的手机零件向下移动，并将其 Alpha 值调整为 0，如图 6-71 所示。

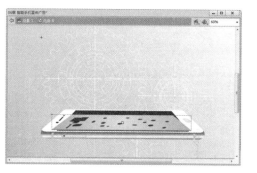

图 6-71

STEP 72 将上面一个图层的第 1 帧移动至第 25 帧，在第 32 帧处插入关键帧，在第 25~32 帧之间创建传统补间动画，如图 6-72 所示。

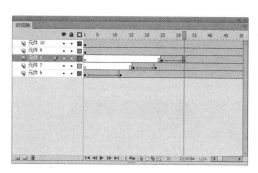

图 6-72

STEP **73** 选择第 25 帧，将该处的手机零件向下移动，并将其 Alpha 值调整为 0，如图 6-73 所示。

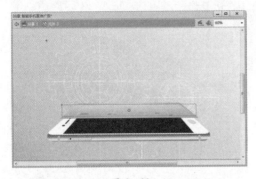

图 6-73

STEP **74** 将上面一个图层的第 1 帧移动至第 34 帧，在第 41 帧处插入关键帧，在第 34~41 帧之间创建传统补间动画，如图 6-74 所示。

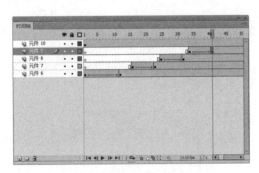

图 6-74

STEP **75** 选择第 34 帧，将该处的手机零件向下移动，并将其 Alpha 值调整为 0，如图 6-75 所示。

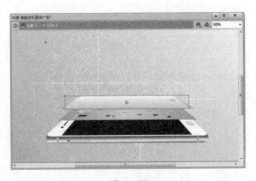

图 6-75

STEP **76** 将文本所在图层的第 1 帧移动至第 50 帧，在其图层上方新建一个图层，在第 50 帧处插入空白关键帧，如图 6-76 所示。

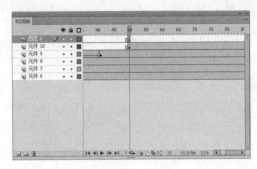

图 6-76

STEP **77** 选择新建的图层，在舞台上，使用矩形工具绘制一个矩形，大小正好遮住文本，如图 6-77 所示。

图 6-77

STEP **78** 选择新建的图层，在第 65 帧处插入关键帧，选择第 50 帧处的矩形，使用任意变形工具，将其缩短，如图 6-78 所示。

图 6-78

STEP **79** 选择新建的图层，在第 50~65 帧之间创建形状补间动画，如图 6-79 所示。

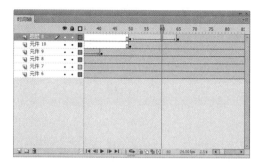

图 6-79

STEP **80** 选择新建的图层，使用鼠标右击后选择"遮罩层"命令，将其转化为遮罩层，如图 6-80 所示。

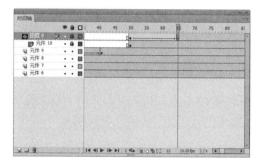

图 6-80

STEP **81** 返回场景 1，选择"内容 1"图层，在第 331、341 帧处插入关键帧，在第 342 帧处插入空白关键帧，如图 6-81 所示。

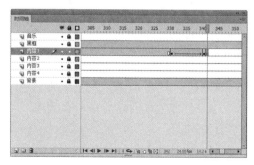

图 6-81

STEP **82** 在第 331~341 帧之间创建传统补间动画，选择第 341 帧处的元件，使用任意变形工具将其压缩，如图 6-82 所示。

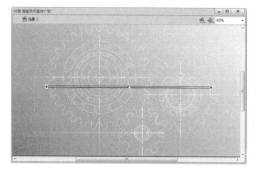

图 6-82

STEP **83** 选择"内容 2"图层，在第 345 帧处插入空白关键帧，在舞台上绘制手机的充电器，如图 6-83 所示。

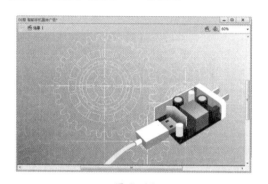

图 6-83

STEP **84** 选择绘制好的手机充电器，按下 F8 键将其转化为图形元件，双击它进入元件的编辑区，如图 6-84 所示。

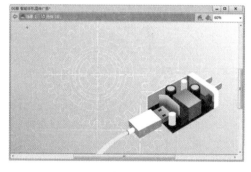

图 6-84

STEP **85** 选择手机充电器，按下 F8 键将其转化为元件，在时间轴的第 10 帧处插入关键帧，在第 1~10 帧之间创建传统补间动画，如图 6-85 所示。

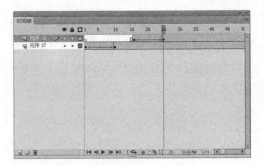

图 6-85

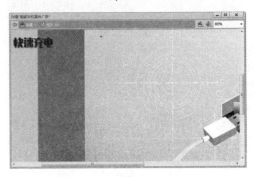

图 6-88

STEP 86 选择第 1 帧处的充电器,将其向左下方移动,移出舞台,如图 6-86 所示。

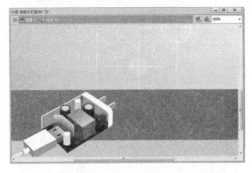

图 6-86

STEP 87 在该图层上方新建图层,在第 16 帧处插入空白关键帧,使用文本工具输入文字,并将其转化为元件,如图 6-87 所示。

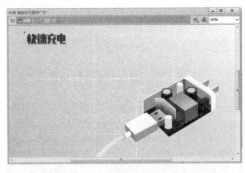

图 6-87

STEP 88 在第 25 帧处插入关键帧,在第 16~25 帧之间创建传统补间动画,如图 6-88 所示。

STEP 89 选择第 16 帧,将舞台上的文本向左侧移动,移出舞台,如图 6-89 所示。

图 6-89

STEP 90 新建图层,在第 36 帧处插入空白关键帧,使用文本工具输入文字,并将其转化为元件,如图 6-90 所示。

图 6-90

STEP 91 在第 47 帧处插入关键帧,在第 36~47 帧之间创建传统补间动画,如图 6-91 所示。

STEP 92 选择第 36 帧,将舞台上的文本向右侧移动,移出舞台,如图 6-92 所示。

STEP 93 新建图层,在第 61 帧处插入空白关键帧,使用线条工具绘制一个曲线图,如图 6-93 所示。

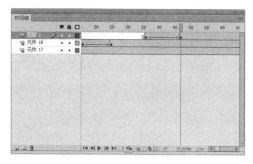

图 6-91

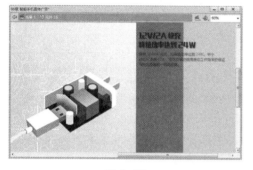

图 6-92

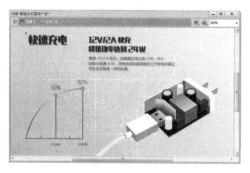

图 6-93

STEP 94 在第 70 帧处插入关键帧，选择第 61 帧处的曲线图，在其属性面板将 Alpha 值调整为 0，在第 61~70 帧之间创建传统补间动画，如图 6-94 所示。

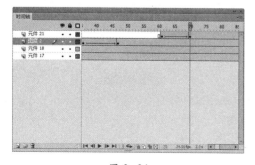

图 6-94

STEP 95 返回场景 1，在"内容 2"图层的第 449、459 帧处插入关键帧，在第 460 帧处插入空白关键帧，在第 449~459 帧之间创建传统补间动画，如图 6-95 所示。

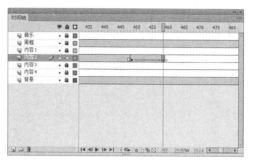

图 6-95

STEP 96 选择第 459 帧处的元件，将其向右侧移动，移出舞台，如图 6-96 所示。

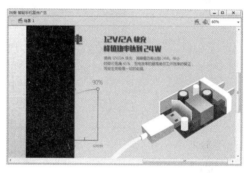

图 6-96

STEP 97 在"内容 1"图层的第 459 帧处插入空白关键帧，复制之前绘制好的手机粘贴至该帧处的舞台上，如图 6-97 所示。

图 6-97

STEP 98 选择手机后按下 F8 键将其转化为元件，双击它进入元件的编辑区，再次将手机转化为图形元件，在属性面板中调整手机的亮度值为 100%，如图 6-98 所示。

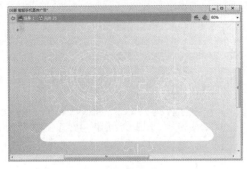

图 6-98

STEP 99 在该图层的第 10 帧处插入关键帧。选择第 1 帧，将手机向舞台下方移动，移出舞台，如图 6-99 所示。

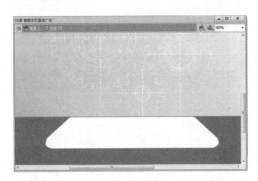

图 6-99

STEP 100 在时间轴的第 1~10 帧之间创建传统补间动画，在该图层上方新建图层，如图 6-100 所示。

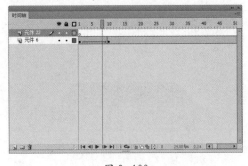

图 6-100

STEP 101 在新建图层的第 26 帧处插入空白关键帧，使用文本工具输入文字，并将其转化为元件，如图 6-101 所示。

图 6-101

STEP 102 在第 35、172 帧处插入关键帧；选择第 26 帧处的文本，将其向舞台右侧移动；选择第 172 帧处的文本，将文本向左侧移动几个像素；在第 26~172 帧之间创建传统补间动画，如图 6-102 所示。

图 6-102

STEP 103 新建图层后在第 14 帧处插入空白关键帧，在舞台上绘制手机的处理器，如图 6-103 所示。

图 6-103

STEP 104 在 第 23、85、92、106、121 帧处插入关键帧；选择第 14 帧处的处理器，将其向舞台上方移动，如图 6-104 所示。

图 6-104

STEP 105 选择第 85 帧处的处理器，将其向下移动一小段距离，如图 6-105 所示。

图 6-105

STEP 106 选择第 92 帧处的处理器，将其向下移动一小段距离，如图 6-106 所示。

图 6-106

STEP 107 选择第 105 帧处的处理器，将其向下移动几个像素，如图 6-107 所示。

STEP 108 选择第 120 帧处的处理器，将

其向下移动几个像素，并在其属性面板将 Alpha 值调整为 0，如图 6-108 所示。

图 6-107

图 6-108

STEP 109 在第 14~120 帧之间创建传统补间动画，如图 6-109 所示。

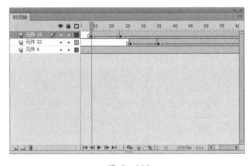

图 6-109

STEP 110 新建图层后在第 43 帧处插入空白关键帧，使用文本工具输入文字，并将其转化为元件，如图 6-110 所示。

STEP 111 在第 54、172 帧处插入关键帧，选择第 43 帧处的文本，将其向舞台右侧移动，移出舞台，如图 6-111 所示。

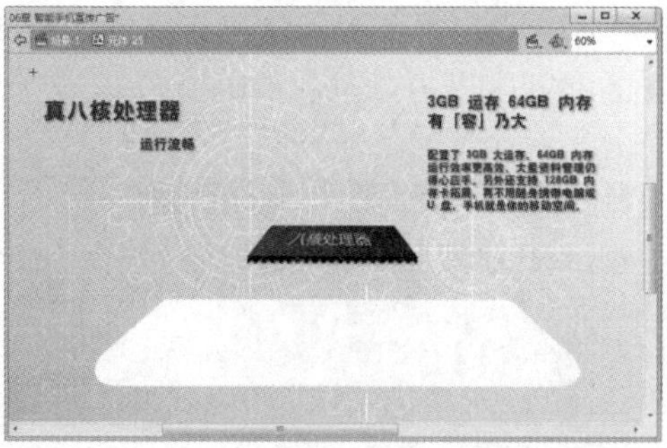

图 6-110

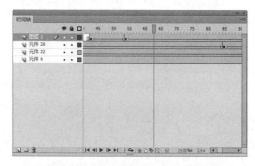

图 6-111

STEP 112 选择第 172 帧处的文本,将其向左侧移动几个像素,在第 43~172 帧之间创建传统补间动画,如图 6-112 所示。

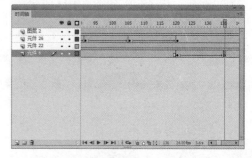

图 6-112

STEP 113 选择手机所在的图层,在第 121、136 帧处插入关键帧,在第 121~136 帧之间创建传统补间动画,如图 6-113 所示。

STEP 114 选择第 136 帧处的手机,在其属性面板中将手机元件的亮度调整为 0%,如图 6-114 所示。

STEP 115 返回场景 1,在"内容 1"的第 613、625 帧处插入关键帧,在第 626 帧

处插入空白关键帧。在第 613~625 帧之间创建传统补间动画,如图 6-115 所示。

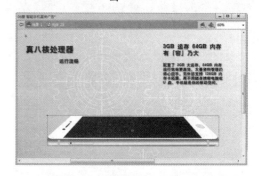

图 6-113

图 6-114

图 6-115

STEP 116 在"内容 2"和"内容 4"图层的第 625 帧处插入空白关键帧。选择"内容 4"的第 625 帧,将库中的"背景 1"素材拖至舞台合适位置,如图 6-116 所示。

STEP 117 选择"内容 2"的第 625 帧,使用文本工具输入文字,并将其转化为元件,如图 6-117 所示。

STEP 118 双击它进入元件的编辑区,新建一个图层,使用椭圆工具绘制几个椭圆,并将其转化为元件,如图 6-118 所示。

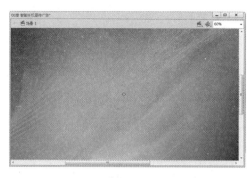

图 6-116

图 6-117

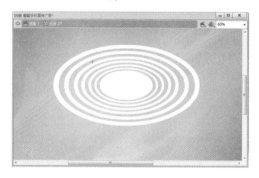

图 6-118

STEP 119 在椭圆所在图层的第 38 帧处将椭圆放大，如图 6-119 所示。

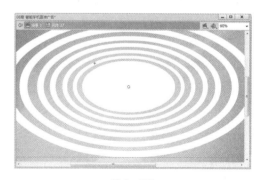

图 6-119

STEP 120 在椭圆所在图层的第 1 帧处，将椭圆缩小，如图 6-120 所示。

图 6-120

STEP 121 在椭圆所在图层的第 1~38 帧之间创建传统补间动画，使用鼠标右击该图层，选择"遮罩层"命令，将该图层转化为遮罩层，如图 6-121 所示。

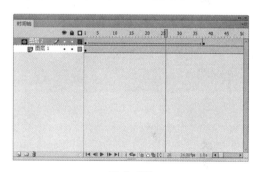

图 6-121

STEP 122 返回场景 1，在所有图层的第 700 帧处插入普通帧，如图 6-122 所示。

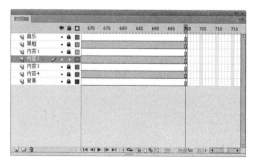

图 6-122

STEP 123 选择"音乐"图层，将库中的 Music6.wav 音乐元件拖至舞台，为动画添加背景音乐，如图 6-123 所示。

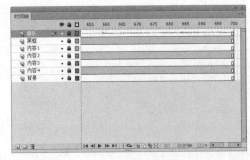

图 6-123

STEP 124 至此，智能手机宣传广告的动画制作完成，按下 Ctrl+Enter 组合键导出并预览动画，如图 6-124 所示。

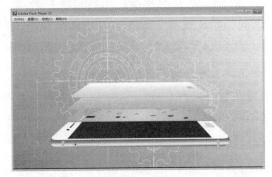

图 6-124

【听我讲】

6.1 遮罩动画的原理

遮罩动画是通过两个图层来实现的，一个是遮罩层，另一个是被遮罩层。在此需要说明的是，在一个遮罩动画中，"遮罩层"只有一个，但"被遮罩层"可以有多个。

在动画制作过程中，为了得到特殊的显示效果，用户可以在遮罩层上创建一个任意形状的"视窗"，遮罩层下方的对象可以通过该"视窗"显示出来，而"视窗"之外的对象将不会显示。遮罩动画的制作原理是通过遮罩图层来决定被遮罩层中的显示内容，这与 Photoshop 软件中的蒙版相类似。

遮罩层的内容可以是填充的形状、文字对象、图形元件的实例或影片剪辑，不能是直线，如果一定要用线条，可以将线条转化为"填充"。"遮罩"主要有两种用途：一个作用是用在整个场景或一个特定区域，使场景外的对象或特定区域外的对象不可见；另一个作用是遮住某一元件的一部分，从而实现一些特殊的效果。

在制作遮罩层动画时，应注意以下3点。

(1) 若要创建遮罩层，应将遮罩项目放在要用作遮罩的图层上。

(2) 若要创建动态效果，可以让遮罩层动起来。

(3) 若要获得聚光灯效果和过渡效果，可以使用遮罩层创建一个孔，通过这个孔可以看到下面的图层。遮罩项目可以是填充的形状、文字对象、图形元件的实例或影片剪辑。将多个图层组织在一个遮罩层下可创建复杂的效果。

在设计动画时，合理地运用遮罩效果会使动画看起来更流畅，元件与元件之间的衔接时间更准确。同时，也具有丰富的层次感和立体感。

6.2 遮罩动画的创建

在 Flash 中没有专门的按钮来创建遮罩层，遮罩层其实是由普通图层转化来的。用户只需在某个图层上单击鼠标右键，从弹出的快捷菜单中选择"遮罩层"命令（即使命令的左边出现一个小对钩），该图层就会生成遮罩层。与此同时，层图标就会从普通层图标变为遮罩层图标，系统也会自动将遮罩层下面的一层关联为"被遮罩层"，在缩进的同时图标变为；若需要关联更多层被遮罩，只要把这些层拖至被遮罩层下面或者将图层属性类型改为被遮罩即可。

遮罩效果的作用方式有以下4种。

(1) 遮罩层中的对象是静态的，被遮罩层中的对象也是静态的，这样生成的效果就是静态遮罩效果。

(2) 遮罩层中的对象是静态的，而被遮罩层的对象是动态的，这样透过静态的对象可以观看后面的动态内容。例如为被遮罩层中的文本创建传统补间动画，播放动画时，文本经过遮罩层中的对象时显露出来。

(3) 遮罩层中的对象是动态的，而被遮罩层中的对象是静态的，这样透过动态的对象可以观看后面静态的内容。例如在遮罩层中绘制一个逐渐拉长的长方形，播放动画时，被遮罩层中的文本逐渐显露出来。

(4) 遮罩层的对象是动态的，被遮罩层的对象也是动态的，这样透过动态的对象可以观看后面的动态内容。此时，遮罩对象和被遮罩对象之间就会进行一些复杂的交互，从而得到一些特殊的视觉效果。

在此，将通过一个简单的动画制作来讲解遮罩动画的创建过程。

STEP 01 新建 Flash 文档，导入背景图片，如图 6-125 所示。

STEP 02 新建图层 2，使用椭圆工具绘制一个圆形，如图 6-126 所示。

图 6-125

图 6-126

STEP 03 选择图层 2，使用鼠标右击后选择"遮罩层"命令，如图 6-127 所示。

STEP 04 此时舞台上的背景图片已经发生了变化，遮罩效果已经完成，如图 6-128 所示。

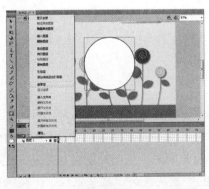

图 6-127

图 6-128

✐ **设计妙招**

　　只有遮罩层与被遮罩层同时处于锁定状态时，才会显示遮罩效果。如果需要对两个图层中的内容进行编辑，可将其解除锁定，编辑结束后再将其锁定。

【自己练】

项目练习1：制作波浪文字

效果如图6-129所示。

图6-129

💻 **制作流程：**

STEP 01 选择合适的背景素材，将其导入到舞台。

STEP 02 使用文本工具输入文字。调整文字的大小、字体、颜色的属性。输入完成后将其复制，将复制的文字放置在另一个图层。

STEP 03 制作遮罩层，将一个文字所在的图层转化为遮罩层，制作条纹矩形，使其在遮罩层的效果下，具有波浪的效果。

项目练习2：制作火焰动画

效果如图6-130所示。

图6-130

💻 **制作流程：**

STEP 01 选择合适的火焰效果的图片导入舞台。

STEP 02 复制一个背景图片放置在另一个图层。

STEP 03 新建图层，使用画笔工具在舞台上绘制密密麻麻的短小线条。将其转化为元件，制作补间动画。

STEP 04 将短小线条所在的图层转化为遮罩层。

第7章

制作公益动画
——补间动画详解

本章概述：

　　本章通过制作拥军动画小片段来讲解动画设计的相关知识，如补间动画的创建等。通过对本案例的学习，读者可以熟悉动画短片的制作思路与方法，掌握各类型动画的设置技巧。

要点难点：

　　形状补间动画　★★☆
　　传统补间动画　★★☆
　　骨骼动画　★★☆
　　拥军小动画　★★★

案例预览：

【跟我学】 制作拥军小动画

🖥 案例描述

　　这里以动画短片的制作为例。该案例运用 Flash 中的多种知识，是一个综合性较强的案例。通过学习该案例，读者可以熟悉 Flash 短片的制作，掌握各类补间动画的详细运用。

🖥 制作过程

　　1. 制作第一个全景镜头

　　下面介绍第一个全景镜头画面的制作过程。

　　STEP 01 打开名为"07 章 公益动画的制作 (素材文件)"的 Flash 文件。执行"文件"|"另存为"命令，将其另存为"07 章 公益动画的制作"Flash 文档，如图 7-1 所示。

图 7-1

　　STEP 02 在时间轴上，新建 10 个图层并为所有图层重新命名，如图 7-2 所示。

　　STEP 03 选择"黑框"图层，在舞台上绘制一个黑框，如图 7-3 所示。

　　STEP 04 选择"转场"图层，在舞台上绘制一个黑色矩形，覆盖住整个舞台，在第 46 帧处插入关键帧，在第 47 帧处插入空白关键帧，如图 7-4 所示。

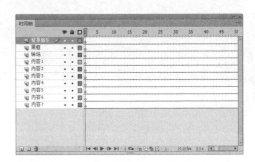

图 7-2

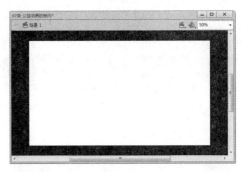

图 7-3

图 7-4

　　STEP 05 在"转场"图层的第 1~46 帧之间创建形状补间动画，选择第 46 帧，将舞台上的黑色矩形的透明度调整为 0，如图 7-5 所示。

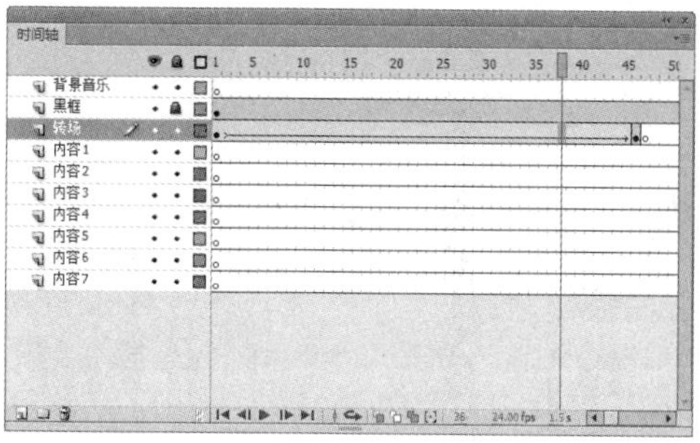

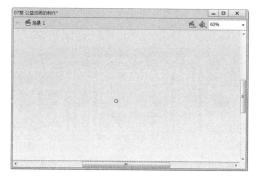

图 7-5

STEP 06 选择"内容 5"图层,使用矩形工具绘制一个矩形,颜色为 #FFED4D 到 #E6F8FF 的线性渐变,绘制完成后将矩形转化为图形元件,如图 7-6 所示。

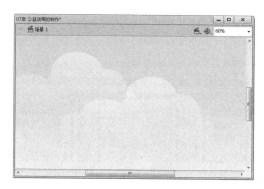

图 7-6

STEP 07 双击矩形元件进入元件的编辑区,使用铅笔工具绘制云朵,并调整云朵的透明度。返回场景 1,如图 7-7 所示。

图 7-7

STEP 08 选择"内容 4"图层,使用矩形工具绘制一栋楼房,并复制几个楼房,将其转化为元件,双击它进入元件的编辑

区,如图 7-8 所示。

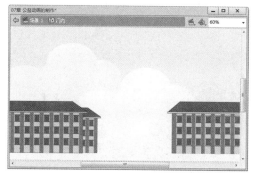

图 7-8

STEP 09 使用矩形工具,在楼房的下方绘制地面,颜色设置为灰色,如图 7-9 所示。

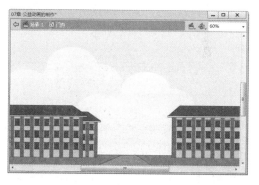

图 7-9

STEP 10 使用铅笔工具绘制一棵树,按下 F8 键将其转化为图形元件,如图 7-10 所示。

图 7-10

STEP 11 复制绘制好的树木,将其放置在楼房的两边,后面的树使用任意变形工具将其缩小,并适当调整其透明度,如

图 7-11 所示。

图 7-11

STEP **12** 返回场景 1,选择"内容 3"图层,使用矩形工具绘制军营大门,按下 F8 键将其转化为图形元件,双击它进入元件的编辑区,如图 7-12 所示。

图 7-12

STEP **13** 使用矩形工具绘制大门的侧门,放置在大门的右侧,如图 7-13 所示。

图 7-13

STEP **14** 复制大门的侧门,将其水平翻转放置在大门的左侧,如图 7-14 所示。

图 7-14

STEP **15** 使用铅笔工具在大门上绘制一杆红旗,放置在大门的中间,如图 7-15 所示。

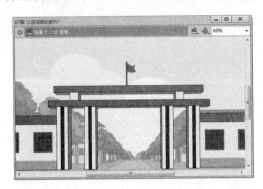

图 7-15

STEP **16** 复制几杆红旗,使用任意变形工具将其缩小,放置在两侧,并且调整红旗的样子,使其看起来像被风吹动的样子,如图 7-16 所示。

图 7-16

STEP **17** 使用矩形工具绘制一个矩形,在其上使用文本工具输入文字,作为大门的门牌,如图 7-17 所示。

图 7-17

STEP 18 返回场景 1，使用铅笔工具绘制一个军人的头像，按下 F8 键将其转化为图形元件，如图 7-18 所示。

图 7-18

STEP 19 使用铅笔工具绘制军人的身体，将军人的身体绘制成为站军姿的姿势，如图 7-19 所示。

图 7-19

STEP 20 使用铅笔工具绘制一杆枪，放置在军人的手中，如图 7-20 所示。

图 7-20

STEP 21 使用矩形工具绘制岗台，放置在军人的脚下，如图 7-21 所示。

图 7-21

STEP 22 将绘制好的军人复制一个并水平翻转，使用任意变形工具调整到合适大小放置在大门的两边，如图 7-22 所示。

图 7-22

STEP 23 返回场景 1，选择"内容 1"图层，使用铅笔工具绘制松树，按下 F8 键将其转化为图形元件，双击它进入元件的编辑区，如图 7-23 所示。

图 7-23

STEP 24 复制几棵松树，放置在两侧并调整大小，如图7-24所示。

图 7-24

STEP 25 返回场景1，在"内容1""内容2""内容3""内容4""内容5"图层的第63、111帧处插入关键帧，如图7-25所示。

图 7-25

STEP 26 在这几个图层的第63~111帧之间创建传统补间动画，选择这几个图层的第111帧处，使用任意变形工具将舞台上所有元件放大，如图7-26所示。

图 7-26

STEP 27 在"内容1""内容2""内容3""内容4""内容5"图层的第139、170帧处插入关键帧，在第171帧处插入空白关键帧，如图7-27所示。

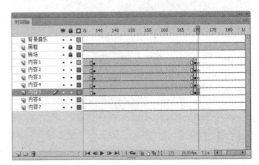

图 7-27

STEP 28 选择这几个图层的第170帧，选择舞台上所有元件并将其Alpha值调整为0，在第139~170帧之间创建传统补间动画，如图7-28所示。

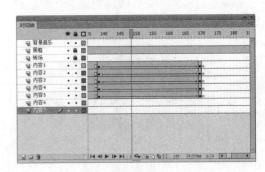

图 7-28

2．制作军人跑步训练镜头

下面介绍军人跑步训练镜头画面的制作过程。

STEP 29 在"内容6""内容7"图层的第139帧处插入关键帧，如图7-29所示。

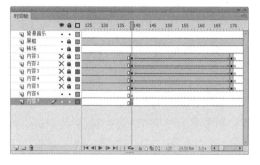

图 7-29

STEP 30 选择"内容7"图层的第139帧处，使用矩形工具绘制一个矩形作为地面，调整矩形边框的弧度，颜色为#EEE37E到#97871E的线性渐变。将矩形转化为图形元件，如图7-30所示。

图 7-30

STEP 31 双击矩形进入元件的编辑区，新建图层，使用笔刷工具在地面的上方绘制一些白色线条作为速度线，如图7-31所示。

STEP 32 在每个图层第2帧处插入关键帧，选择地面所在图层的第2帧，将地面向下移动两个像素，在白线所在的图层，使用画笔工具绘制白色线条，如图7-32所示。

STEP 33 返回场景1，将库中的素材元件拖至舞台，作为背景放置在地面的下方，

并将其转化为图形元件，如图7-33所示。

图 7-31

图 7-32

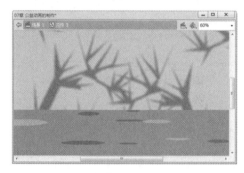

图 7-33

STEP 34 使用铅笔工具绘制一道山脉，并将其转化为影片剪辑元件，如图7-34所示。

图 7-34

STEP 35 选择绘制好的山脉元件，在其属性面板中调整其色彩效果，选择"高级"命令，调整其中的属性值，使山脉的颜色与背景更加和谐，如图 7-35 所示。

图 7-35

STEP 36 返回场景 1，在"内容 6"图层的第 139 帧处插入空白关键帧，在舞台上绘制一个军人的跑步姿势，并将其转化为图形元件，如图 7-36 所示。

图 7-36

STEP 37 双击军人元件进入元件的编辑区，在第 4 帧处插入关键帧，绘制跑步的下一帧动作，如图 7-37 所示。

图 7-37

STEP 38 在第 7 帧处插入关键帧，绘制跑步的下一帧动作，如图 7-38 所示。

图 7-38

STEP 39 在第 10 帧处插入关键帧，绘制跑步的下一帧动作，如图 7-39 所示。

图 7-39

STEP 40 在第 14 帧处插入关键帧，绘制跑步的下一帧动作，如图 7-40 所示。

图 7-40

STEP 41 在第 17 帧处插入关键帧，绘制跑步的下一帧动作，如图 7-41 所示。

STEP 42 返回场景 1，将跑步的军人放大，并复制几个放置在舞台的合适位置，如图 7-42 所示。

图 7-41

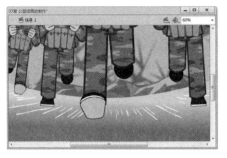

图 7-42

STEP 43 在"内容4""内容5""内容6""内容7"图层的第211帧处插入空白关键帧，如图 7-43 所示。

图 7-43

STEP 44 选择"内容5"图层的第211帧，在舞台上绘制背景，如图 7-44 所示。

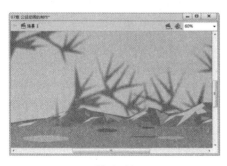

图 7-44

STEP 45 进入军人跑步元件的编辑区，复制时间轴上的所有帧。新建元件，进入元件的编辑区，粘贴之前复制的帧。选择每一帧处的军人跑步姿势，重新绘制军人的头像，替换现有的军人头像，如图 7-45 所示。

图 7-45

STEP 46 新建元件，进入元件的编辑区，继续粘贴之前复制的帧。重新绘制军人的头像，替换现有的军人头像，如图 7-46 所示。

图 7-46

STEP 47 新建元件，进入元件的编辑区，继续粘贴之前复制的帧。重新绘制军人的头像，替换现有的军人头像，如图 7-47 所示。

图 7-47

STEP 48 新建元件，进入元件的编辑区，继续粘贴之前复制的帧。重新绘制军人的头像，替换现有的军人头像，如图7-48所示。

图7-48

STEP 49 返回场景1，在"内容4"图层的第211帧处，将所有绘制好的军人跑步元件拖入舞台，使用任意变形工具，调整军人的大小、前后顺序，如图7-49所示。

图7-49

STEP 50 选择舞台上的所有军人，在其属性面板调整其循环属性，使每一个元件循环的第一帧设置的都不一样，如图7-50所示。

图7-50

STEP 51 选择舞台上的所有军人元件，按下F8键将其转化为图形元件，双击元件进入元件的编辑区，在第19帧处插入普通帧，如图7-51所示。

图7-51

STEP 52 返回场景1，在"内容4""内容5"图层的第291帧处插入关键帧，在第292帧处插入空白关键帧，如图7-52所示。

图7-52

STEP 53 选择"内容4""内容5"图层，在第211~291帧之间创建传统补间动画，如图7-53所示。

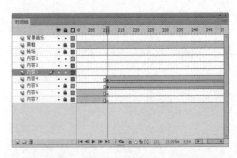

图7-53

STEP 54 选择"内容4""内容5"图层的第291帧处，将舞台上的背景和军人跑步元件向左侧移动，如图7-54所示。

图 7-54

STEP **55** 选择所有图层,在第 292 帧处插入关键帧,如图 7-55 所示。

图 7-55

STEP **56** 复制一个军人的跑步元件,选择"内容 1"图层的第 292 帧处,粘贴在舞台上并将其放大,如图 7-56 所示。

图 7-56

STEP **57** 复制之前绘制的背景,选择"内容 3"图层的第 292 帧处,粘贴在舞台上并将其放大,如图 7-57 所示。

STEP **58** 在"内容 2"图层的第 292 帧处,使用铅笔工具绘制云朵,并将其转化为图形元件,如图 7-58 所示。

STEP **59** 在"内容 2"图层的第 330 帧处,

将舞台上的云朵向右下角移动一段距离,如图 7-59 所示。

图 7-57

图 7-58

图 7-59

STEP **60** 在"内容 2"图层的第 292~330 帧之间创建传统补间动画,在所有图层的第 345 帧处插入关键帧,如图 7-60 所示。

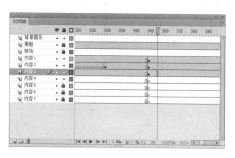

图 7-60

CHAPTER 06
CHAPTER 07
CHAPTER 08
CHAPTER 09
CHAPTER 10

STEP **61** 在"内容1""内容2""内容3"图层的第378帧处插入关键帧，在第379帧处插入空白关键帧，如图7-61所示。

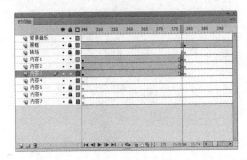

图 7-61

STEP **62** 在"内容1""内容2""内容3"图层的第345~378帧之间创建传统补间动画，选择舞台上的所有元件，在属性面板中将其Alpha值调整为0，如图7-62所示。

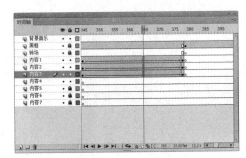

图 7-62

3．制作阅兵镜头

下面将介绍阅兵镜头的制作过程。

STEP **63** 在"内容5""内容6""内容7"图层的第345帧处插入空白关键帧，如图7-63所示。

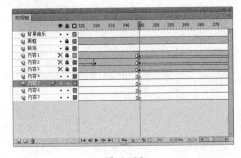

图 7-63

STEP **64** 选择"内容7"图层的第34帧，使用矩形工具在舞台上绘制一个矩形，颜色为#FFED4D到#E6F8FF的线性渐变，并将其转化为元件，如图7-64所示。

图 7-64

STEP **65** 使用铅笔工具绘制云朵，将其转化为元件并复制，调整云朵的Alpha值，如图7-65所示。

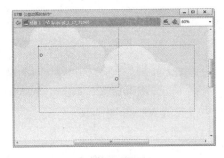

图 7-65

STEP **66** 返回场景1，使用铅笔工具绘制一棵树并填充颜色，将其转化为元件，如图7-66所示。

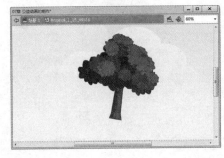

图 7-66

STEP **67** 复制绘制好的树，多粘贴几棵树放置在舞台上，一字排开。选择所有树，按下 F8 键将其转化为元件，如图 7-67 所示。

图 7-67

STEP 68 选择"内容 6"图层的第 345
帧，在舞台上使用矩形工具绘制三个矩形，
如图 7-68 所示。

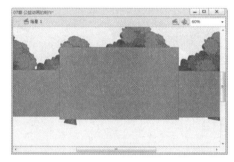

图 7-68

STEP 69 使用矩形工具，绘制一个灰紫
色的矩形作为地面放置在三个矩形的下方，
如图 7-69 所示。

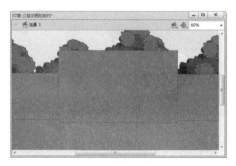

图 7-69

STEP 70 选择三个矩形，按下 F8 键将
其转化为元件，双击元件进入元件的编辑
区，绘制房子上的窗户，如图 7-70 所示。

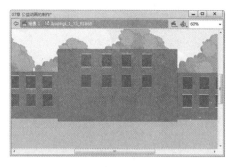

图 7-70

STEP 71 使用矩形工具绘制楼房的大
门，如图 7-71 所示。

图 7-71

STEP 72 为了使楼房更加美观，绘制楼
房的墙面，使其看起来层次更加丰富，如
图 7-72 所示。

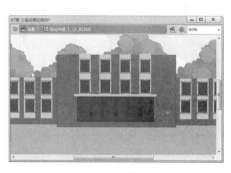

图 7-72

STEP 73 使用矩形工具为楼房添加一些
细节，绘制楼房的顶梁和墙角，如图 7-73
所示。

STEP 74 使用铅笔工具，在楼房的顶部
绘制一杆飘动的红旗，放置在房顶的中间
位置，如图 7-74 所示。

CHAPTER 06
CHAPTER 07
CHAPTER 08
CHAPTER 09
CHAPTER 10

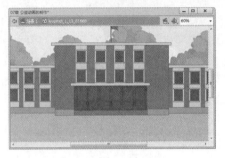

图 7—73

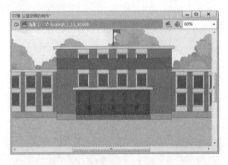

图 7—74

STEP **75** 使用矩形工具绘制一个矩形，填充色为红色，调整矩形的边缘，作为横幅挂在楼房的中间，如图 7-75 所示。

图 7—75

STEP **76** 使用文本工具输入文字，调整大小后放置在红色矩形的中间，如图 7-76 所示。

图 7—76

STEP **77** 选择绘制好的红旗，按下 F8 键将其转化为元件，双击红旗进入元件的编辑区，如图 7-77 所示。

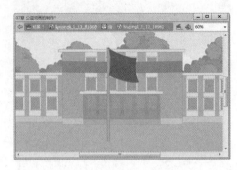

图 7—77

STEP **78** 在第 2 帧处插入关键帧，调整红旗的形状，作为飘动红旗的下一帧动作，如图 7-78 所示。

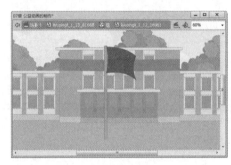

图 7—78

STEP **79** 在第 3 帧处插入关键帧，调整红旗的形状，作为飘动红旗的下一帧动作，如图 7-79 所示。

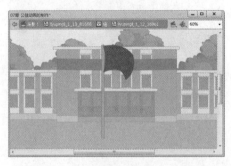

图 7—79

STEP **80** 在第 4 帧处插入关键帧，调整红旗的形状，作为飘动红旗的下一帧动作，如图 7-80 所示。

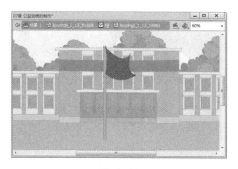

图 7-80

STEP 81 返回上一层元件的编辑区，在第 10 帧处插入普通帧，如图 7-81 所示。

图 7-81

STEP 82 返回场景 1，选择"内容 5"图层的第 345 帧，在舞台上绘制一个看台桌子，如图 7-82 所示。

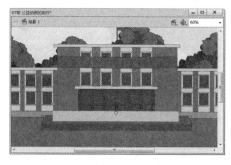

图 7-82

STEP 83 使用铅笔工具绘制一盆花卉并填充颜色，如图 7-83 所示。

STEP 84 复制几盆花卉放置在看台的周围，如图 7-84 所示。

STEP 85 使用铅笔工具绘制一盆绿色植物并填充颜色，如图 7-85 所示。

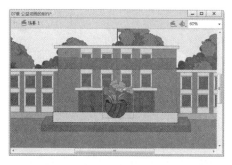

图 7-83

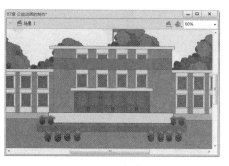

图 7-84

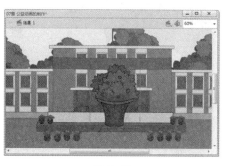

图 7-85

STEP 86 复制几盆绿色植物放置在看台的周围，如图 7-86 所示。

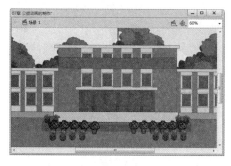

图 7-86

STEP 87 使用铅笔工具绘制一位领导坐在看台上。绘制领导的头部，这里由于人物在远处，可以忽略眼睛等细节，如图 7-87 所示。

图 7-87

STEP 88 为领导绘制身体，注意领导和士兵的着装区别，如图 7-88 所示。

图 7-88

STEP 89 复制几位领导人，放置在看台上，并调整领导人的脸形，如图 7-89 所示。

图 7-89

STEP 90 在"内容 3"图层的第 410 帧处插入空白关键帧，如图 7-90 所示。

STEP 91 选择"内容 3"图层的第 410 帧，在舞台上使用铅笔工具绘制士兵的侧面，如图 7-91 所示。

STEP 92 使用铅笔工具继续绘制士兵的头发，如图 7-92 所示。

图 7-90

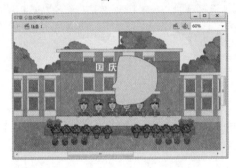

图 7-91

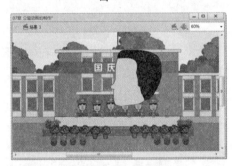

图 7-92

STEP 93 使用铅笔工具为士兵绘制五官，如图 7-93 所示。

图 7-93

STEP 94 使用椭圆工具绘制军帽，如图 7-94 所示。

图 7-94

STEP 95 使用矩形工具绘制士兵的身体，如图 7-95 所示。

图 7-95

STEP 96 绘制士兵的腿部，调整为正步走的姿势，如图 7-96 所示。

图 7-96

STEP 97 使用矩形工具绘制士兵的胳膊，如图 7-97 所示。

STEP 98 选择绘制好的士兵，按下 F8 键将其转化为元件，双击士兵进入元件的编辑区，如图 7-98 所示。

STEP 99 在时间轴的第 7 帧处插入关键帧，如图 7-99 所示。

图 7-97

图 7-98

图 7-99

STEP 100 选择第 7 帧处的士兵，调整士兵的姿势，绘制下一帧正步走的动作，如图 7-100 所示。

图 7-100

163

STEP 101 在时间轴的第 10 帧处插入关键帧，如图 7-101 所示。

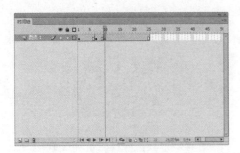

图 7-101

STEP 102 选择第 10 帧处的士兵，调整士兵的姿势，绘制下一帧正步走的动作，如图 7-102 所示。

图 7-102

STEP 103 在时间轴的第 13 帧处插入关键帧，如图 7-103 所示。

图 7-103

STEP 104 选择第 13 帧处的士兵，调整士兵的姿势，绘制下一帧正步走的动作，如图 7-104 所示。

STEP 105 在时间轴的第 20 帧处插入关键帧，如图 7-105 所示。

STEP 106 选择第 20 帧处的士兵，调整士兵的姿势，绘制下一帧正步走的动作，如图 7-106 所示。

图 7-104

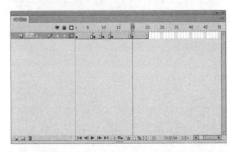

图 7-105

图 7-106

STEP 107 在时间轴的第 23 帧处插入关键帧，如图 7-107 所示。

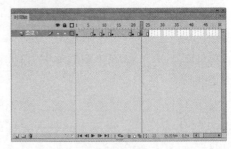

图 7-107

STEP 108 选择第 23 帧处的士兵，调整士兵的姿势，绘制下一帧正步走的动作，如图 7-108 所示。

图 7-108

STEP 109 返回场景 1，选择舞台上的士兵正步走姿势，按下 F8 键将其转化为图形元件，双击它进入元件的编辑区，在第 25 帧处插入普通帧，如图 7-109 所示。

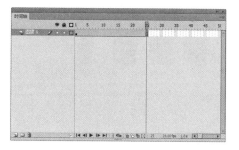

图 7-109

STEP 110 复制士兵并粘贴多个士兵，使其排列成为一个队列，如图 7-110 所示。

图 7-110

STEP 111 返回场景 1，选择舞台上的三个士兵，按下 F8 键将其转化为元件，双击该元件进入元件的编辑区，如图 7-111 所示。

图 7-111

STEP 112 复制士兵队列并粘贴多个士兵，使其排列成为一个方阵，如图 7-112 所示。

图 7-112

STEP 113 单独复制三个士兵，放置在队列的前面作为排头兵，如图 7-113 所示。

图 7-113

STEP 114 选择所有元件，按下 Ctrl+Shift+D 组合键将元件分散至各个图层，如图 7-114 所示。

STEP 115 在所有图层的第 200 帧处插入关键帧，在第 1~200 帧之间创建传统补间动画，如图 7-115 所示。

STEP 116 选择所有图层的第 1 帧，选择舞台上的士兵，将其移动至舞台右侧，如图 7-116 所示。

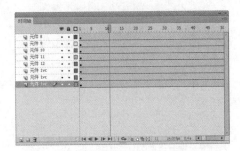

图 7-114

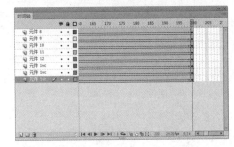

图 7-115

图 7-116

STEP 117 选择所有图层的第 200 帧，选择舞台上的士兵，将其移动至舞台中间，如图 7-117 所示。

图 7-117

STEP 118 返回场景 1，在所有图层的第 607 帧处插入空白关键帧，如图 7-118 所示。

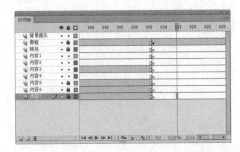

图 7-118

STEP 119 选择"内容 3"图层的第 607 帧，将士兵的正步方阵拖至舞台合适位置，如图 7-119 所示。

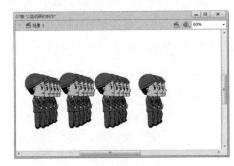

图 7-119

STEP 120 选择"内容 4"图层的第 615 帧，使用矩形工具绘制地面，如图 7-120 所示。

图 7-120

STEP 121 使用矩形工具继续绘制背景中的草地，并填充颜色，如图 7-121 所示。

STEP 122 绘制远处的楼房和树木，绘制一个完成后，复制并粘贴几个，放置在草地的远处，如图 7-122 所示。

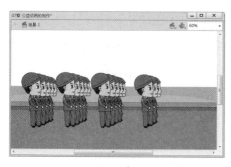

图 7-121

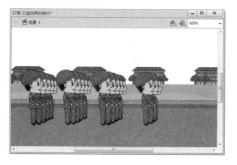

图 7-122

STEP 123 使用矩形工具绘制天空，使用椭圆工具绘制云朵。绘制完成后，选择绘制好的背景，按下F8键将其转化为图形元件，如图7-123所示。

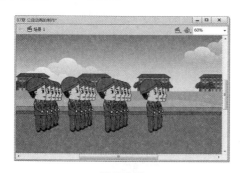

图 7-123

STEP 124 在"内容4"图层的第678帧处插入关键帧，选择该帧处的背景，将其向左侧移动，如图7-124所示。

STEP 125 选择"内容4"图层，在第607~678帧之间创建传统补间动画，如图7-125所示。

STEP 126 在"转场"图层的第658、679、687、707、708帧处，插入空白关键帧，

如图7-126所示。

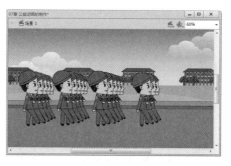

图 7-124

图 7-125

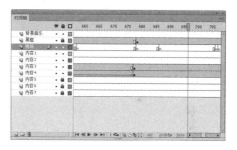

图 7-126

4．制作军人敬礼镜头

下面介绍军人敬礼镜头的制作过程。

STEP 127 选择"转场"图层的第658帧，使用矩形工具绘制一个黑色的矩形充满整个舞台，并复制粘贴在第679、687、707帧处，如图7-127所示。

STEP 128 在"转场"图层的第658、707帧处，选择舞台上的黑色矩形，调整其透明度设为0%。在第658~707帧之间创建形状补间动画，如图7-128所示。

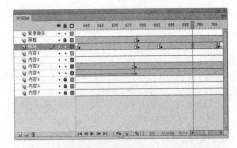

图 7-127

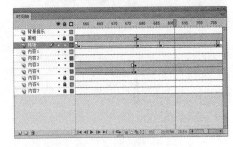

图 7-128

STEP 129 在所有"内容"图层的第 679 帧处，插入空白关键帧，如图 7-129 所示。

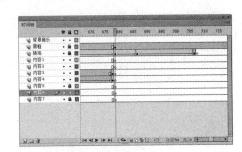

图 7-129

STEP 130 选择"内容4"图层的第 679 帧，复制之前绘制好的军人头像，粘贴至该帧处，如图 7-130 所示。

图 7-130

STEP 131 使用矩形工具为军人绘制军

帽，如图 7-131 所示。

图 7-131

STEP 132 选择矩形工具绘制军人的衣服，如图 7-132 所示。

图 7-132

STEP 133 使用矩形工具绘制军人的胳膊，调整为军人敬礼的造型，如图 7-133 所示。

图 7-133

STEP 134 选择绘制好的军人并复制出两个军人，如图 7-134 所示。

STEP 135 选择复制出的两个军人，使用颜料桶工具为其改变服装颜色，将其中一个改为海军服装，如图 7-135 所示。

STEP 136 使用颜料桶工具为另一个军人

改变服装颜色,改为空军服装,如图 7-136 所示。

图 7-134

图 7-135

图 7-136

STEP 137 选择绘制好的三个军人,将其移动至舞台的右下角,如图 7-137 所示。

图 7-137

STEP 138 选择"内容 6"图层的 679 帧,使用矩形工具绘制一个蓝色矩形作为天空,颜色为蓝色到白色的线性渐变,如图 7-138 所示。

图 7-138

STEP 139 选择铅笔工具绘制两棵松树,放置在舞台左下角,如图 7-139 所示。

图 7-139

STEP 140 使用椭圆工具绘制云朵,如图 7-140 所示。

图 7-140

STEP 141 使用矩形工具绘制一个旗杆,如图 7-141 所示。

STEP 142 在旗杆的上方绘制一个飘动的

CHAPTER 06
CHAPTER 07
CHAPTER 08
CHAPTER 09
CHAPTER 10

红旗，并将红旗转化为图形元件，如图 7-142
所示。

图 7-141

图 7-142

STEP 143 双击红旗元件进入元件的编辑区，绘制红旗飘动的动画，在第 2 帧处插入关键帧，绘制红旗，如图 7-143 所示。

图 7-143

STEP 144 在第 3 帧处插入关键帧，绘制红旗飘动的下一帧动作，如图 7-144 所示。

STEP 145 在第 4 帧处插入关键帧，绘制红旗飘动的下一帧动作，如图 7-145 所示。

STEP 146 在第 5 帧处插入关键帧，绘制红旗飘动的下一帧动作，如图 7-146 所示。

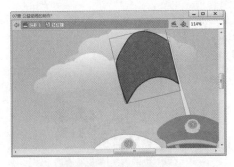

图 7-144

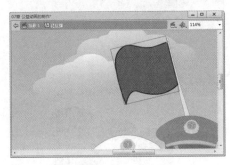

图 7-145

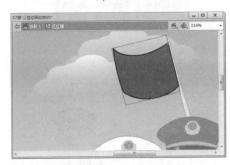

图 7-146

STEP 147 在第 6 帧处插入关键帧，绘制红旗飘动的下一帧动作，如图 7-147 所示。

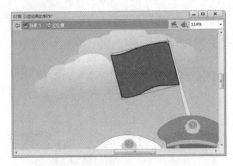

图 7-147

STEP 148 返回场景 1，在"内容 5"图层的第 724 帧处插入空白关键帧，如图 7-148

所示。

图 7-148

STEP 149 在"内容 5"图层的第 724 帧处，绘制一个战斗机，如图 7-149 所示。

图 7-149

STEP 150 选择绘制好的战斗机并复制粘贴，排列好飞行阵型，选择所有的战斗机并将其转化为元件，如图 7-150 所示。

图 7-150

STEP 151 在"内容 5"图层的第 724 帧处，选择战斗机元件，使用任意变形工具将其缩小，移出舞台，放置在舞台右下角，如图 7-151 所示。

STEP 152 选择"内容 5"图层的第 754 帧，在该帧处插入关键帧，选择战斗机，使用

任意变形工具将其放大，移动至舞台的左上角，如图 7-152 所示。

图 7-151

图 7-152

STEP 153 在"内容 5"图层的第 724~754 帧之间创建传统补间动画，如图 7-153 所示。

图 7-153

STEP 154 选择"内容 3"图层的第 783 帧，在该帧处插入空白关键帧，使用文本工具输入文字，如图 7-154 所示。

STEP 155 选择舞台上的文字，按下 F8 键将其转化为元件，在第 800 帧处插入关键帧，如图 7-155 所示。

STEP 156 选择"内容 3"图层的第 783 帧，选择舞台上的文字，使用任意变形工具将

其缩小，如图 7-156 所示。

图 7-154

图 7-155

图 7-156

STEP 157 在"内容 3"图层的第 783~800
帧之间创建传统补间动画，如图 7-157 所示。

图 7-157

STEP 158 选择所有图层的第 900 帧，插
入普通帧，如图 7-158 所示。

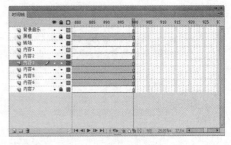

图 7-158

STEP 159 在"背景音乐"图层，将库中
的"音乐"元件拖至舞台，为整个动画添
加背景音乐，如图 7-159 所示。

图 7-159

STEP 160 至此动画短片制作完成，按下
Ctrl+Enter 组合键导出并预览动画短片，如
图 7-160 所示。

图 7-160

【听我讲】

7.1 形状补间动画

在一个关键帧中绘制一个形状，然后在另一个关键帧中更改该形状，Flash 根据二者之间的帧的值或形状来创建的动画称为形状补间动画。形状补间动画适用于图形对象，通过形状补间，可以创建类似于变形的动画效果，还可以使形状的位置、大小和颜色进行渐变。形状补间通常用于形状和颜色的补间变化。

形状补间动画可以实现两个图形之间颜色、大小、形状和位置的相互变化，其变化的灵活性介于逐帧动画和动作补间动画之间。对于形状补间动画，要为一个关键帧中的形状指定属性，然后在后续关键帧中修改形状或者绘制另一个形状。形状补间动画创建好之后，时间轴的背景色变为淡绿色，在起始帧和结束帧之间有一个长箭头，如图 7-161 所示。

图 7-161

在 Flash CS6 中，选择图层中形状补间中的帧，在"属性"面板的"补间"区中有两个设置形状补间属性的选项，如图 7-162 所示。

图 7-162

其中，各选项的含义介绍如下。

1. 缓动

该选项用于设置形状对象变化的快慢趋势。取值范围在 -100~100。当设置取值为 0 时，表示形状补间动画的形状变化是匀速的；当设置取值小于 0 时，表示形变对象的形状变化越来越快，数值越小，加快的趋势越明显；当设置取值大于 0 时，表示形变对象的形状变化越来越慢，数值越大，减慢的趋势越明显。

2．混合

用于设置形状补间动画的变形形式。在该下拉列表中，包含"分布式"和"角形"
两个选项。如果设置为"分布式"，表示创建的动画中间形状比较平滑；如果设置为"角形"，
表示创建的动画中间形状会保留明显的角和直线，适合具有锐化角度和直线的混合形状。

7.2 传统补间动画

在一个关键帧中定义一个元件的实例、组合对象或文字块的大小、颜色、位置、透
明度等属性，然后在另一个关键帧中改变这些属性，Flash 根据二者之间的帧的值创建的
动画称为传统补间动画。传统补间动画通常用于有位置变化的补间动画中。通过传统补
间动画可以对矢量图形、元件以及其他导入的素材进行位置、大小、旋转、透明度等的
调整。需要强调的是，创建传统补间动画的元素可以是影片剪辑、按钮、图形元件、文字、
位图等，但不能是形状。

传统补间动画创建好后，时间轴的背景色变为淡紫色，在起始帧和结束帧之间有一
个长箭头，如图 7-163 所示。

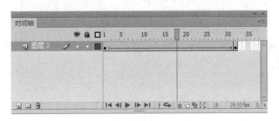

图 7-163

在 Flash CS6 中，选择图层中传统补间中的帧，在"属性"面板的"补间"区中有设
置传统补间属性的选项，如图 7-164 所示。

图 7-164

其中，各选项的含义分别介绍如下。

(1) 缓动：用于设置运动元件的加速度。0 表示元件为匀速运动，负数表示元件为加
速运动，正数表示元件为减速运动。

(2) 旋转：用于设置对象渐变过程中是否旋转以及旋转的方向和次数。

(3) 贴紧：勾选该复选框，能够使动画自动吸附到路径上移动。

(4) 同步：勾选该复选框，使图形元件的实例动画和主时间轴同步。

(5) 调整到路径：用于引导层动画，勾选该复选框，可以使对象紧贴路径来移动。

(6) 缩放：勾选该复选框，可以改变对象的大小。

如果前后两个关键帧中的对象不是"元件"时，Flash 会自动将前后两个关键帧中的对象分别转换为"补间 1""补间 2"两个元件。

7.3　骨骼动画

骨骼动画又称反向运动 (IK) 动画，它是一种用骨骼的关节结构对一个对象或彼此相关的一组对象进行动画处理的方法，该动画的操作对象可以是形状，也可以是元件。使用骨骼动画可以轻松地创建人物动画，例如胳膊、腿和面部表情等。

7.3.1　骨骼动画的原理

骨骼链称为骨架。在父子层次结构中，骨架中的骨骼彼此相连。骨架可以是线性的或分支的。源于同一骨骼的骨架分支称为同级。

在 Flash CS6 中，创建骨骼动画一般有如下两种方式。

第一种方式是通过添加将每个实例与其他实例连接在一起的骨骼，用关节连接一系列的元件实例，骨骼允许这些连接起来的元件实例一起运动。例如，一组影片剪辑，其中的每个影片剪辑都表示人体的不同部分，通过将躯干、上肢、下肢和手连接在一起，可以创建逼真移动的胳膊，还可以创建一个分支骨架以包括两个胳膊、两条腿和头。

第二种方式是向形状对象 (即各种矢量图形对象) 的内部添加骨骼，通过骨骼来移动形状的各个部分以实现动画效果。这样操作的优势在于无须绘制运动中该形状的不同状态，也无须使用补间形状来创建动画。例如，向简单的蛇图形添加骨骼，以使蛇逼真地移动和弯曲。

在制作动画过程中，运动学系统分为正向运动学和反向运动学这两种。正向运动学指的是对于有层级关系的对象来说，父级的动作将影响到子级，而子级的动作将不会对父级造成任何影响。例如，当对父级进行移动时，子级也会同时随着移动；而子级移动时，父级不会产生移动。由此可见，正向运动中的动作是向下传递的。

与正向运动学不同，反向运动学动作传递是双向的，当父级进行位移、旋转或缩放等动作时，其子级会受到这些动作的影响，反之，子级的动作也将影响到父级。

7.3.2　创建骨骼动画

在 Flash CS6 中可以对元件实例或者图形形状创建骨骼动画。元件可以是影片剪辑、图形和按钮，如果是文本，则需要将文本转化为元件。骨骼动画对象可以是一个或多个图形形状，添加第一个骨骼之前必须选择所有形状。

1. 元件骨骼动画

向元件实例添加骨骼时，会创建一个链接实例链。根据需要，元件实例的链接可以是一个简单的线性链或分支结构。例如人体图形需要包含四肢分支的结构。在添加骨骼之前，元件实例可以在不同的图层上。添加骨骼时，Flash CS6 将它们移动到新图层。

在此，以简单的实例介绍向元件创建基本骨骼结构的方法。

STEP **01** 新建 Flash 文档，选择椭圆工具绘制圆形，并转化为元件，多复制几个，如图 7-165 所示。

STEP **02** 选择骨骼工具，选择左边第一个实例按下鼠标左键，拖动到下一个实例上释放鼠标，便为这两个实例搭建了一根骨骼，如图 7-166 所示。

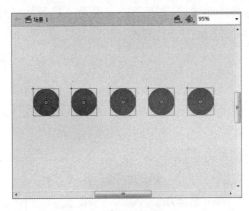

图 7-165

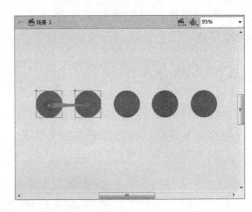

图 7-166

STEP **03** 重复步骤 2，为其他实例创建骨骼，如图 7-167 所示。

STEP **04** 使用选择工具拖动实例，这样骨骼的位置也发生相应的变化，如图 7-168 所示。

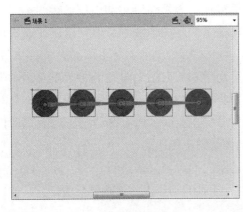

图 7-167

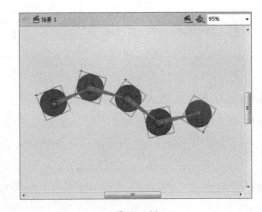

图 7-168

若要添加其他骨骼，则应从第一个骨骼的尾部拖动到要添加到骨架的下一个元件实例。指针在经过现有骨骼的头部或尾部时会发生改变。

若要创建分支骨架，则应单击分支开始的现有骨骼的头部，然后进行拖动以创建新分支的第一个骨骼，如图 7-169 所示。但是分支不能连接到其他分支（其根部除外）。

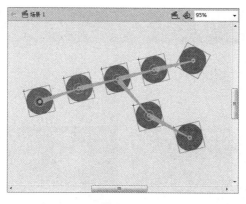

图 7-169

2. 形状骨骼动画

对于形状，用户可以向单个形状的内部添加多个骨骼。这不同于元件实例（每个实例只能具有一个骨骼）。向形状对象的内部添加骨架，可以在合并绘制模式或对象绘制模式中创建形状。

向单个形状或一组形状添加骨骼，在任一情况下，在添加第一个骨骼之前必须选择所有形状。在将骨骼添加到所选内容后，Flash 将所有的形状和骨骼转换为 IK 形状对象，并将该对象移动到新的图层上。在某个形状转换为 IK 形状后，它无法再与 IK 形状以外的其他形状合并。

在此，以简单的实例介绍向形状创建基本骨骼结构的方法。

STEP 01 打开 Flash 文档，绘制一个形状，选择骨骼工具，在形状内部按下鼠标左键向下拖动并释放鼠标，创建一个骨骼，如图 7-170 所示。

STEP 02 使用相同的方法，在形状内部创建其他骨骼，如图 7-171 所示。

STEP 03 随后使用选择工具移动形状内部的骨骼，即可对其进行适当的处理，如图 7-172 所示。

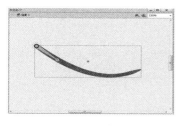

图 7-170

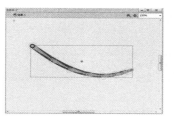

图 7-171

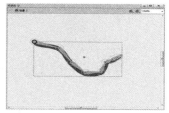

图 7-172

【自己练】

项目练习 1：制作蜻蜓点水

效果如图 7-173 所示。

图 7-173

🖥 制作流程：

STEP **01** 使用铅笔工具绘制蜻蜓，蜻蜓的翅膀填充颜色透明度要降低。

STEP **02** 制作蜻蜓扇动翅膀的动画元件。

STEP **03** 添加引导层绘制蜻蜓的运动轨迹，制作蜻蜓的飞舞动画。

STEP **04** 新建图层，选择合适的背景图片导入到舞台。

项目练习 2：制作蝴蝶飞舞

效果如图 7-174 所示。

图 7-174

🖥 制作流程：

STEP **01** 使用铅笔工具绘制蝴蝶。

STEP **02** 制作蝴蝶扇动翅膀的动画元件。

STEP **03** 添加引导层绘制蝴蝶的运动轨迹，蝴蝶的飞行轨迹比较跳跃无章法。制作蝴蝶的飞舞动画。

STEP **04** 新建图层，选择合适的背景图片导入到舞台。

第8章

制作多媒体动画
——音视频应用详解

本章概述：

  本章通过一个多媒体动画的制作来介绍音视频文件在动画中的应用。通过对本章内容的学习，读者可以很好地掌握音视频素材文件的应用及设置技巧。

要点难点：

  声音的导入　★☆☆
  声音的优化　★★☆
  视频的导入　★★★
  视频的编辑处理　★★☆

案例预览：

【跟我学】 制作视频播放器

案例描述

　　这里将以制作视频播放器为例。该案例运用外部视频的导入技巧，来把视频运用到 Flash 中去。通过对本案例的学习，读者可以熟悉 Flash 中视频的应用，掌握外部视频的导入方法。

制作过程

STEP 01 打开"08 章 视频的应用（素材文件）"，将该文件另存为"08 章 视频的应用"，如图 8-1 所示。

图 8-1

STEP 02 执行"文件"|"导入"|"导入视频"命令。在弹出的"导入视频"对话框中，选中"在 SWF 中嵌入 FLV 并在时间轴中播放"单选按钮，如图 8-2 所示。

STEP 03 单击"浏览"按钮，在"打开"对话框中选择将要导入的视频所在的位置，单击"打开"按钮，如图 8-3 所示。

STEP 04 添加好视频所在的位置后，对话框中出现文件的路径，单击"下一步"按钮，如图 8-4 所示。

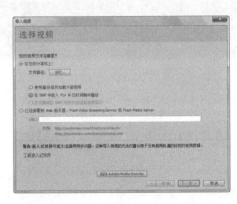

图 8-2

图 8-3

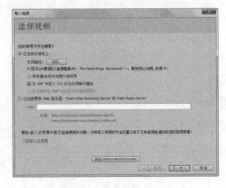

图 8-4

CHAPTER 06
CHAPTER 07
CHAPTER 08
CHAPTER 09
CHAPTER 10

STEP **05** 在弹出的对话框中，单击"下一步"按钮，如图 8-5 所示。

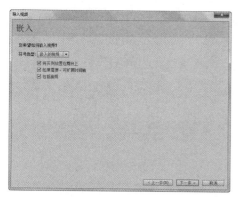

图 8-5

STEP **06** 在弹出的对话框中，单击"完成"按钮，如图 8-6 所示。

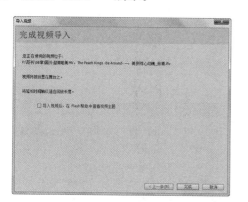

图 8-6

STEP **07** 完成以上操作后，视频导入到 Flash 文档的库中，如图 8-7 所示。

图 8-7

STEP **08** 选择时间轴，在"图层1"图层的下方新建一个图层，如图 8-8 所示。

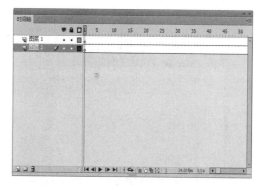

图 8-8

STEP **09** 选择"图层1"，使用矩形工具绘制一个空心的矩形，如图 8-9 所示。

图 8-9

STEP **10** 使用矩形工具绘制矩形的内框，作为电视机的屏幕框，如图 8-10 所示。

图 8-10

STEP **11** 使用矩形工具绘制几个小的矩形，作为电视机的按钮，如图 8-11 所示。

STEP 12 选择颜料桶工具，颜色设置为蓝色，填充矩形的空白处，将透明度降低，如图 8-12 所示。

入普通帧，如图 8-15 所示。

图 8-14

图 8-11

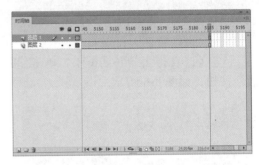

图 8-15

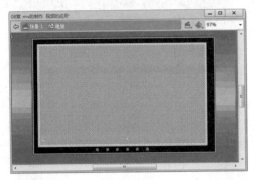

图 8-12

STEP 16 至此视频播放器制作完成，按下 Ctrl+Enter 组合键，导出并预览动画，如图 8-16 所示。

STEP 13 使用铅笔工具在电视屏幕上绘制高光的位置，使用颜料桶工具为其添加白色并调整透明度，如图 8-13 所示。

图 8-16

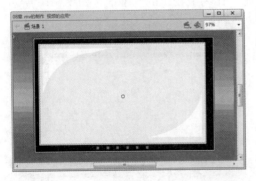

图 8-13

STEP 14 选择"图层 2"，将库中的视频文件导入到舞台，如图 8-14 所示。

STEP 15 在每个图层的第 5186 帧处插

【听我讲】

8.1 音频的应用

Flash CS6 提供了多种使用声音的方式。通过不同的设置方式可以使声音独立于时间轴连续播放，或使动画与一个声音同步播放；还可以向按钮添加声音，使按钮具有更强的感染力。另外，通过设置淡入淡出效果可以使声音更加完美地表现给观众。

8.1.1 音频文件的类型

在 Flash CS6 中支持的声音文件有两种类型：事件声音和流声音。下面分别向用户介绍这两种声音类型的特点及应用。

1．事件声音

事件声音必须下载完成才能播放，一旦开始播放，中间是不能停止的。事件声音可以用于制作单击按钮时出现的声音效果，也可以把它放在任意想要放置的地方。

在 Flash CS6 中，关于事件声音需注意以下三点。

- 事件声音在播放之前必须完整下载。有些动画下载时间很长，可能是因为其声音文件过大而导致的。如果要重复播放声音，不必再次下载。
- 事件声音不论动画是否发生变化，它都会独立地把声音播放完毕。如果到播放另一声音时，它也不会因此停止播放，所以有时会干扰动画的播放质量，不能实现与动画同步播放。
- 事件声音不论长短，都只能插入到一个帧中去。

2．流声音

流声音与动画的播放是保持同步的，所以只需要下载前几帧就可以开始播放了。流声音可以说是依附在帧上的，动画播放的时间有多长，流声音播放的时间就有多长。即使导入的声音文件还没有播完，也将停止播放。

在 Flash CS6 中，关于流声音需要注意以下两点。

- 流声音可以边下载边播放，所以不必担心出现因声音文件过大而导致下载过长的现象。因此，可以把流声音与动画中的可视元素同步播放。
- 流声音只能在它所在的帧中播放。

8.1.2 为对象导入声音

当用户准备好所需要的声音素材后，就可以通过导入的方法，将其导入库中或者舞台中，从而添加到动画中，以增强 Flash 作品的吸引力。

选择"文件"|"导入"|"导入到库"命令，弹出"导入到库"对话框，从中选择音频文件，单击"打开"按钮，即可将音频文件导入到"库"面板中，并以一个"喇叭"的图标 来标识，如图 8-17 所示。

图 8-17

声音导入到"库"中之后，选中图层，只需将声音从"库"中拖入舞台即可添加到当前图层中。在 Flash CS6 中支持的声音格式有 MP3、WAV 和 AIFF(仅限苹果机) 格式。下面将对最常用的音频格式进行介绍。

1．MP3 格式

MP3 是使用最为广泛的一种数字音频格式。MP3 是利用 MPEG Audio Layer 3 的技术，将音乐以 1：10 甚至 1：12 的压缩率，压缩成容量较小的文件，换句话说，能够在音质丢失很小的情况下把文件压缩到更小的程度，而且还非常好地保持了原来的音质。

对于追求体积小、音质好的 Flash MTV 来说，MP3 是最理想的格式。经过压缩，体积很小，它的取样与编码的技术优异。虽然 MP3 经过了破坏性的压缩，但是其音质仍然大体接近 CD 的水平。

2．WAV 格式

WAV 为微软公司 (Microsoft) 开发的一种声音文件格式，是录音时用的标准的 Windows 文件格式，文件的扩展名为"wav"，数据本身的格式为 PCM 或压缩型，属于无损音乐格式的一种。

WAV 文件作为最经典的 Windows 多媒体音频格式，应用非常广泛，它使用三个参数来表示声音：采样位数、采样频率和声道数。

WAV 音频格式的优点包括：简单的编 / 解码 (几乎直接存储来自模 / 数转换器 (ADC) 的信号)、普遍的认同 / 支持以及无损耗存储。WAV 格式的主要缺点是需要音频存储空间，对于小的存储限制或小带宽应用而言，这可能是一个重要的问题。因此，在 Flash MTV 中并没有得到广泛的应用。

3.AIFF 格式

AIFF 是音频交换文件格式 (Audio Interchange File Format) 的英文缩写，是 Apple 公

司开发的一种声音文件格式，被 Macintosh 平台及其应用程序所支持。AIFF 是苹果电脑上的标准音频格式，属于 QuickTime 技术的一部分。

AIFF 应用于个人电脑及其他电子音响设备以存储音乐数据。AIFF 支持 ACE2、ACE8、MAC3 和 MAC6 压缩，支持 16 位 44.1kHz 立体声。

8.1.3 在 Flash 中编辑声音

声音添加完成后，可以对声音的效果进行设置或编辑，例如剪裁、改变音量和使用 Flash 预置的多种声效对声音进行设置等，从而使其符合动画的要求。

对于导入的音频文件，可以通过"声音属性"对话框、"属性"面板和"编辑封套"对话框处理声音效果。

1. 设置声音属性

打开"声音属性"对话框，在该对话框中可以对导入的声音进行属性设置。在 Flash CS6 中，打开"声音属性"对话框有以下 3 种方法。

● 在"库"面板中选择音频文件，在"喇叭"图标上双击鼠标左键。

● 在"库"面板中选择音频文件，单击鼠标右键，在弹出的快捷菜单中选择"属性"命令。

● 在"库"面板中选择音频文件，单击面板底部的"属性"按钮。

在"声音属性"对话框中，可以查看音频文件的属性、对当前音频的压缩方式进行调整，也可以重命名音频文件，如图 8-18 所示。

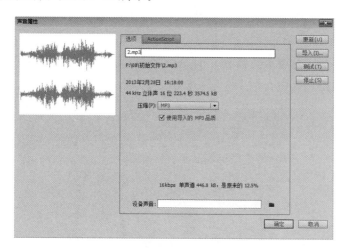

图 8-18

2. 设置声音的同步方式

同步是指设置声音的同步类型，即设置声音与动画是否进行同时播放。单击"属性"面板"声音"栏中的"同步"下拉按钮，弹出如图 8-19 所示的下拉列表。

CHAPTER 06

CHAPTER 07

CHAPTER 08

CHAPTER 09

CHAPTER 10

186

图 8-19

在"同步"下拉列表中各个选项的含义分别如下。

1) 事件

Flash 默认选项，若选择该选项，必须等声音全部下载完毕后才能播放动画。声音开始播放，并独立于时间轴播放完整个声音，即使影片停止也继续播放。一般在不需要控制声音播放的动画中使用。

2) 开始

该选项与"事件"选项的功能近似，若选择的声音实例已在时间轴上的其他地方播放过了，Flash 将不会再播放该实例。

3) 停止

可以使正在播放的声音文件停止。

4) 数据流

将使动画与声音同步，以便在 Web 站点上播放。

3．设置声音的重复播放

如果要使声音在影片中重复播放，可以在"属性"面板中设置声音重复或者循环播放。在"声音循环"下拉列表中有两个选项，如图 8-20 所示。

图 8-20

1) 重复

选择该选项，在右侧的文本框中可以设置播放的次数，默认的是播放一次。

2) 循环

选择该选项，声音可以一直不停地循环播放。

4. 设置声音的效果

在"效果"下拉列表中进行选择可以为声音添加不同的效果。在"属性"面板"声音"栏中的"效果"下拉列表中提供了多种播放声音的效果选项，如图 8-21 所示。

在"效果"下拉列表框中各个选项的含义分别如下。

- 无：不使用任何效果。
- 左声道 / 右声道：只在左声道或者右声道播放音频。
- 向右淡出：声音从左声道传到右声道。
- 向左淡出：声音从右声道传到左声道。
- 淡入：表示在声音的持续时间内逐渐增大声强。
- 淡出：表示在声音的持续时间内逐渐减小声强。
- 自定义：自己创建声音效果。选择该选项，弹出"编辑封套"对话框，在该对话框中编辑音频，如图 8-22 所示。

图 8-21

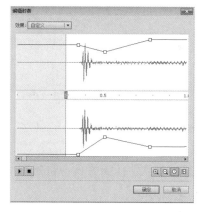

图 8-22

在"编辑封套"对话框中，分为上下两个编辑区，上方代表左声道波形编辑区，下方代表右声道波形编辑区，在每一个编辑区的上方都有一条带有小方块的控制线，可以通过控制线调整声音的大小、淡出和淡入等。"编辑封套"对话框中各选项的含义介绍如下。

- 效果：在该下拉列表中用户可以设置声音的播放效果。
- 播放声音按钮▶和停止声音按钮■：可以播放或暂停编辑后的声音。
- 放大🔍和缩小🔍：单击这两个按钮，可以使显示窗口内的声音波形在水平方向放大或缩小。
- 秒🕐和帧⊞：单击该按钮，可以在秒和帧之间切换时间单位。
- 灰色控制条：拖动上下声音波形之间刻度栏内的左右两个灰色控制条，可以截取声音片断。

8.1.4 在 Flash 中优化声音

在 Flash 动画中加入声音可以极大地丰富动画的表现效果，但是如果声音不能很好地与动画衔接或者声音文件太大而影响 Flash 的运行速度，效果就会大打折扣。所以此时就应当通过对声音优化与压缩来调节声音品质和文件大小以达到最佳平衡。

当用户把 Flash 文件导入到网页中时，由于网速的限制，不得不考虑 Flash 动画的大小。打开"声音属性"对话框，在该对话框的"压缩"下拉列表中包含"默认""ADPCM""MP3""Raw"和"语音"5 个选项。下面将分别对其进行介绍，如图 8-23 所示。

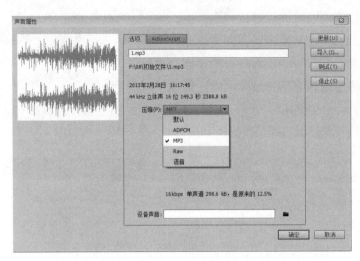

图 8-23

1．默认

选择"默认"压缩方式，将使用"发布设置"对话框中的默认声音压缩设置。

2．ADPCM

ADPCM 压缩适用于对较短的事件声音进行压缩，可以根据需要设置声音属性，例如对于鼠标点击音这样的短事件音，一般选用该压缩方式。选择该选项后，会在"压缩"下拉列表的下方出现有关 ADPCM 压缩的设置选项，如图 8-24 所示。

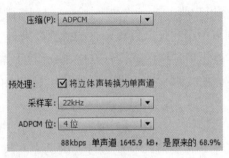

图 8-24

其中，各主要选项的含义介绍如下。

1) 预处理

如果选中"将立体声转换为单声道"复选框，会将混合立体声转换为单声道，而原始声音为单声道则不受此选项影响。

2) 采样率

采样率的大小关系到音频文件的大小，适当调整采样率既能增强音频效果，又能减少文件的大小。较低的采样率可减小文件，但也会降低声音品质。Flash 不能提高导入声音的采样率。例如导入的音频为 11kHz，即使将它设置为 22 kHz，也只是 11kHz 的输出效果。

在采样率下拉列表中各选项含义如下。

● 5 kHz 的采样率仅能达到一般声音的质量，例如电话、人的讲话等简单声音。

● 11 kHz 的采样率是一般音乐的质量，是 CD 音质的四分之一。

● 22 kHz 采样率的声音可以达到 CD 音质的一半，一般都选用这样的采样率。

● 44 kHz 的采样率是标准的 CD 音质，可以达到很好的听觉效果。

3) ADPCM 位

可以从下拉列表中选择 2~5 位的选项，据此可以调整文件的大小。

3．MP3

MP3 压缩一般用于压缩较长的流式声音，它的最大特点就是接近于 CD 的音质。选择该选项，会在"压缩"下拉列表的下方出现与有关 MP3 压缩的设置选项，如图 8-25 所示。

图 8-25

其中各主要选项的含义如下。

1) 比特率

用于决定导出的声音文件每秒播放的位数。到导出声音时，需要将比特率设为 16 kbit/s 或更高，以获得最佳效果。比特率的范围为 8k~160kbit/s。

2) 品质

可以根据压缩文件的需求，进行适当的选择。在该下拉列表中包含"快速""中"和"最佳" 3 个选项。

4．Raw

Raw 选项导出的声音文件是不经过压缩的。如果选择 Raw 选项，则在导出动画时不会压缩声音。选择该选项后，会在"压缩"下拉列表的下方出现有关原始压缩的设置选项，如图 8-26 所示。

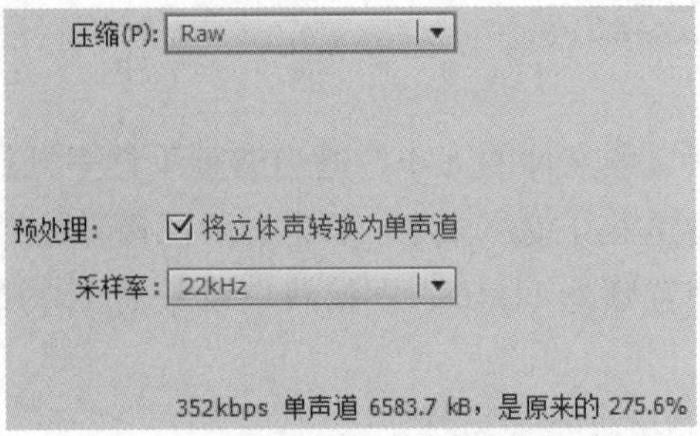

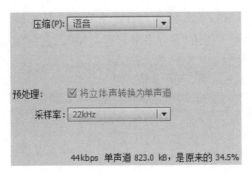

图 8—26

设置"压缩"类型为 Raw 方式后，只需要设置采样率和预处理，具体设置与 ADPCM 压缩设置相同。

5．语音

"语音"压缩选项是一种特别适合于语音的导出声音压缩方式。选择该选项后，会在"压缩"下拉列表的下方出现有关语音压缩的设置选项，如图 8-27 所示。只需要设置采样率和预处理即可。

图 8—27

8.2　视频的应用

在 Flash CS6 中不仅可以导入图像素材，还可以导入视频。视频是图像的有机序列，是多媒体重要要素之一。在 Flash 中使用视频的时候，可以进行导入、裁剪等操作，还可以控制播放进程，但是不能修改视频中的具体内容。例如，导入一段视频，可以修改它的时间起点、时间终点和显示区域，但是不能改变画面中的文字和人物。

8.2.1　视频文件的类型

Flash CS6 是一款功能非常强大的工具，可以将视频镜头融入基于 Web 的演示文稿。如果用户系统上安装了 QuickTime 4 及更高版本 (Windows 或 Macintosh) 或 DirectX 7 及更高版本 (仅限 Windows)，则可以导入多种文件格式的视频剪辑，包括 MOV(QuickTime 影片)、AVI(音频视频交叉文件) 和 MPG/MPEG(运动图像专家组文件) 等格式；还可以导入 MOV 格式的链接视频剪辑；还可以将带有嵌入视频的 Flash 文档发布为 SWF 文件，带有链接视频的 Flash 文档必须以 QuickTime 格式发布。

为了大多数计算机考虑，使用 Sorenson Spark 编解码器编码 FLV 文件是明智之选。FLV 是 Flash Video 的简称，FLV 流媒体格式是一种新的视频格式。由于它形成的文件极小，加载速度快，有效地解决了视频文件导入 Flash 后使导出的 SWF 文件体积庞大，不能在网络上很好使用的问题。

FLV 和 F4V(H.264) 视频格式具备技术和创意优势，允许用户将视频、数据、图形、声音和交互式控制融为一体。FLV 或 F4V 视频使用户可以轻松地将视频以几乎任何人都可以查看的格式放在网页上。

8.2.2 导入视频文件

在 Flash CS6 中，可以将现有的视频文件导入到当前文档中，选择"文件"|"导入"|"导入视频"命令，即可打开"导入视频"对话框，如图 8-28 所示。

图 8-28

在"导入视频"对话框中提供了 3 个视频导入选项，各选项的含义分别介绍如下。

1. 使用播放组件加载外部视频

导入视频并创建 FLVPlayback 组件的实例以控制视频回放。将 Flash 文档作为 SWF 发布并将其上传到 Web 服务器时，还必须将视频文件上传到 Web 服务器或 Flash Media Server，并按照已上传视频文件的位置配置 FLVPlayback 组件。

2. 在 SWF 中嵌入 FLV 并在时间轴中播放

将 FLV 或 F4V 嵌入到 Flash 文档中。这样导入视频时，该视频放置于时间轴中可以看到时间轴帧所表示的各个视频帧的位置。嵌入的 FLV 或 F4V 视频文件成为 Flash 文档的一部分，可以使此视频文件与舞台上的其他元素同步，但是也可能会出现声音不同步的问题，同时 SWF 的文件大小会增加。一般来说，品质越高，文件的大小也就越大。

3．作为捆绑在 SWF 中的移动设备视频导入

与在 Flash 文档中嵌入视频类似，将视频绑定到 Flash Lite 文档中以部署到移动设备。若要使用此功能，必须以 Flash Lite 2.0 或更高版本为目标。

下面将通过制作案例来介绍导入视频的操作方法。

STEP 01 打开 Flash 文档，选择"文件"|"导入"|"导入视频"命令，如图 8-29 所示。

STEP 02 弹出"导入视频"对话框，单击"浏览"按钮，选择视频文件，保持默认设置，单击"下一步"按钮，如图 8-30 所示。

图 8-29   图 8-30

STEP 03 进入"设定外观"对话框，在此可以设置视频的外观和播放器的颜色，单击"下一步"按钮，如图 8-31 所示。

STEP 04 进入"完成视频导入"对话框，其中显示视频的位置及其他信息，单击"完成"按钮，如图 8-32 所示。

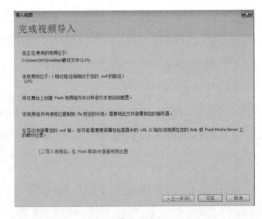

图 8-31   图 8-32

STEP 05 完成数据的获取，将视频导入当前文档中，在属性面板中设置视频的位置和大小，如图 8-33 所示。

STEP **06** 保存文件，按 Ctrl+Enter 组合键预览视频，如图 8-34 所示。

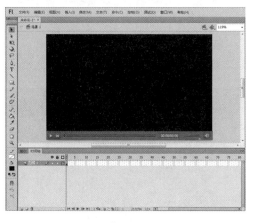

图 8-33

图 8-34

8.2.3　处理导入的视频

将视频文件导入到文档中，选择舞台上嵌入或链接的视频剪辑。在"属性"面板中就可以查看视频符号的名称、在舞台上的像素尺寸和位置，如图 8-35 所示。

使用"属性"面板可以为视频剪辑设置新的名称，调整位置及其大小。也可以使用当前影片中的其他视频剪辑替换被选视频。同时，用户还可以通过"组件参数"选项组，对导入的视频进行设置，如图 8-36 所示。

图 8-35

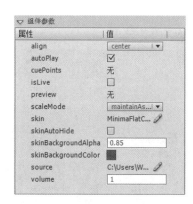

图 8-36

【自己练】

项目练习1：制作动画视频

效果如图 8-37 所示。

图 8-37

制作流程：

STEP 01 选择素材，视频格式要与 Flash 软件兼容。

STEP 02 将视频素材导入，选择视频所在位置，导入到软件中。

STEP 03 导入完成后，在时间轴上播放预览，并导出视频。

项目练习 2：制作 MV 视频

效果如图 8-38 所示。

图 8-38

制作流程：

STEP 01 选择素材，视频格式要与 Flash 软件兼容。

STEP 02 将视频素材导入，选择视频所在位置，导入到软件中。

STEP 03 导入完成后，在时间轴上播放预览，并导出视频。

第 9 章

制作教学课件
——组件应用详解

本章概述：

　　利用 Flash 中的组件功能，可以既便捷又准确地创建各种类型的元件，比如复选框、文本框、滚动条等。通过对本章内容的学习，读者可以了解组件的类型及用途，熟悉组件的创建方法，掌握组件的应用技巧。

要点难点：

　　认识组件及其类型　★★☆

　　复选框组件　★★☆

　　列表框组件　★★☆

　　下拉列表框组件　★★☆

　　滚动条组件　★★☆

案例预览：

【跟我学】 制作语文教学课件

案例描述

这里将以语文教学课件的制作为例。该案例综合运用代码和组件等功能。通过学习该案例，读者可以熟悉课件的制作方法，掌握代码的运用技巧。

制作过程

个舞台，如图 9-3 所示。

STEP 01 打开语文课件（素材文件），执行"文件"|"另存为"命令，将其另存为"语文课件"，如图 9-1 所示。

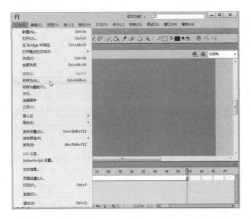

图 9-1

STEP 02 在时间轴上，选择图层 1，将其命名为"背景"图层，如图 9-2 所示。

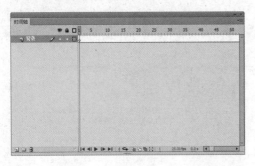

图 9-2

STEP 03 打开库面板，将库中的"背景"图片素材拖至舞台合适位置，使其充满整

图 9-3

STEP 04 在"背景"图层的上方新建图层，并命名为"底"，如图 9-4 所示。

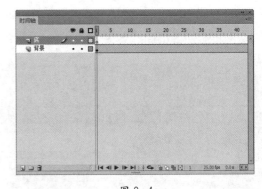

图 9-4

STEP 05 选择"底"图层，使用矩形工具绘制一个矩形，颜色设置为白色透明到白色再到透明的线性渐变，如图 9-5 所示。

STEP 06 在"底"图层上方，新建图层，命名为"按钮"，如图 9-6 所示。

声音文件拖至舞台，如此，在单击按钮时就会触发音效，如图9-10所示。

图 9-8

图 9-5

图 9-9

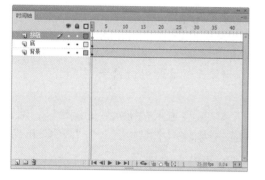

图 9-6

STEP 07 执行"插入"|"新建元件"命令，新建一个按钮元件，命名为"按钮1"，如图9-7所示。

图 9-7

STEP 08 进入按钮元件的编辑区，新建图层，分别将两个图层命名为"内容"和"声音"，如图9-8所示。

STEP 09 选择"内容"图层，将库中的"花"素材文件拖至舞台，使用文本工具输入"唐诗"，如图9-9所示。

STEP 10 选择"声音"图层，在"按下"帧处插入空白关键帧，将库中的"按钮"

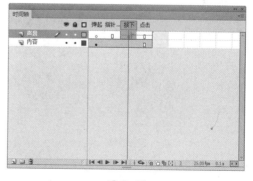

图 9-10

STEP 11 执行"插入"|"新建元件"命令，新建一个按钮元件，命名为"按钮2"，如图9-11所示。

STEP 12 进入按钮元件的编辑区，新建图层，分别将两个图层命名为"内容"和"声音"如图9-12所示。

图 9-11

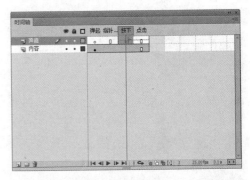

图 9-14

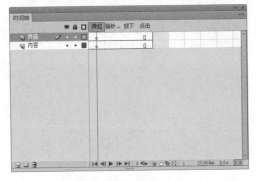

图 9-12

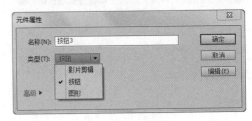

图 9-15

STEP 13 选择"内容"图层，将库中的"花"素材文件拖至舞台，使用文本工具输入"宋词"，如图9-13所示。

STEP 16 进入按钮元件的编辑区，新建图层，分别将两个图层命名为"内容"和"声音"，如图9-16所示。

图 9-13

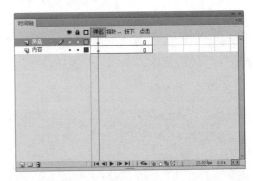

图 9-16

STEP 14 选择"声音"图层，在"按下"帧处插入空白关键帧，将库中的"按钮"声音文件拖至舞台，如此，在单击按钮时就会触发音效，如图9-14所示。

STEP 17 选择"内容"图层，将库中的"花"素材文件拖至舞台，使用文本工具输入"元曲"，如图9-17所示。

STEP 18 选择"声音"图层，在"按下"帧处插入空白关键帧，将库中的"按钮"声音文件拖至舞台，如此，在单击按钮时就会触发音效，如图9-18所示。

STEP 15 执行"插入"|"新建元件"命令，新建一个按钮元件，命名为"按钮3"，如图9-15所示。

STEP 19 返回场景1，将库中制作完成的按钮拖至舞台，放置在舞台的白色矩形上，如图9-19所示。

图 9-17

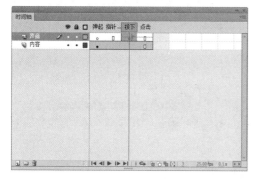

图 9-18

图 9-19

白色矩形，透明度为 40%，如图 9-22 所示。

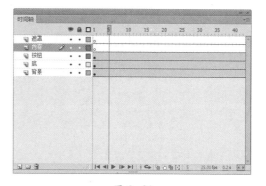

图 9-20

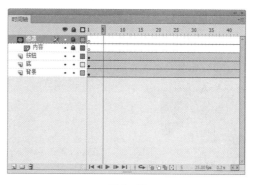

图 9-21

图 9-22

STEP 20 新建两个图层，分别命名为"内容""遮罩"，如图 9-20 所示。

STEP 21 选择"遮罩"图层，右击鼠标，选择"遮罩层"命令，将其转化为遮罩层，如图 9-21 所示。

STEP 22 选择"内容"图层，在第 10 帧处插入关键帧，使用矩形工具绘制一个

STEP 23 选择"内容"图层，在第 14 帧处插入关键帧，执行"窗口"|"组件"命令，打开组件面板，如图 9-23 所示。

STEP 24 将组件面板中的 TextArea 组件拖至舞台合适位置，并调整组件的区域大小，如图 9-24 所示。

STEP 25 选择"内容"图层，选择第

14 帧，使用文本工具输入文字，如图 9-25 所示。

图 9-23

图 9-24

图 9-25

STEP 26 执行"插入"|"新建元件"命令，新建一个按钮元件，命名为"back"，在舞台上绘制一个按钮图形，如图 9-26 所示。

STEP 27 返回场景 1，将库中的 back 按钮元件拖至舞台，如图 9-27 所示。

图 9-26

图 9-27

STEP 28 选择舞台上的"back"按钮元件，在"属性"面板中为按钮添加实例名称，命名为"bk"，如图 9-28 所示。

图 9-28

STEP 29 选择"内容"图层的第29帧，插入关键帧，使用文本工具输入文字。将TextArea组件拖至舞台合适位置，并调整组件的区域大小，如图9-29所示。

图9-29

STEP 30 打开库面板，将库中的"back"按钮元件拖至舞台，如图9-30所示。

图9-30

STEP 31 选择舞台上的"back"按钮元件，在"属性"面板中为按钮添加实例名称，命名为"bk2"，如图9-31所示。

STEP 32 在"内容"图层的第44帧处，插入关键帧，使用文本工具输入文字。将TextArea组件拖至舞台合适位置，并调整组件的区域大小，如图9-32所示。

STEP 33 打开库面板，将库中的"back"按钮元件拖至舞台，如图9-33所示。

图9-31

图9-32

图9-33

STEP 34 选择舞台上的"back"按钮元件，在"属性"面板中为按钮添加实例名称，命名为"bk3"，如图9-34所示。

STEP 35 选择"遮罩"图层，在第10帧处插入空白关键帧，如图9-35所示。

图 9—34

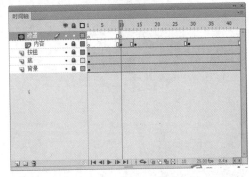

图 9—35

STEP 36 使用矩形工具绘制一个矩形，如图 9-36 所示。

图 9—36

STEP 37 选择"遮罩"图层，在第 13 帧处插入关键帧，将矩形向上移动，如图 9-37 所示。

STEP 38 在第 17 帧处插入关键帧，将

矩形变形，使其成为一个细长的矩形，长度恰好能遮住文字和按钮，如图 9-38 所示。

图 9—37

图 9—38

STEP 39 在第 22 帧处插入关键帧，将矩形放大遮住整片文字和按钮，如图 9-39 所示。

图 9—39

STEP **40** 选择"遮罩"图层,在第10~22帧右击鼠标,如图9-40所示。

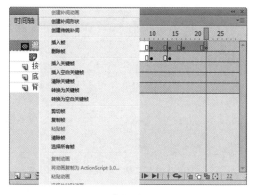

图9-40

STEP **41** 在第10~22帧之间创建形状补间动画,如图9-41所示。

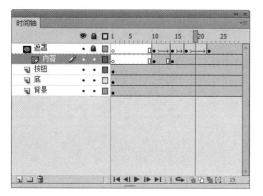

图9-41

STEP **42** 选择"遮罩"图层的第10~22帧,按住Alt键拖曳鼠标,复制第10~22帧,每隔2帧复制一次,如图9-42所示。

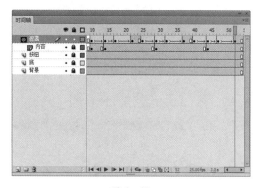

图9-42

STEP **43** 新建图层,命名为"标题",如图9-43所示。

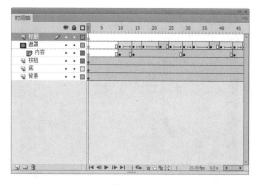

图9-43

STEP **44** 选择"标题"图层,使用文本工具在舞台上输入文字,如图9-44所示。

图9-44

STEP **45** 选择文本,在"属性"面板调整字体属性,如图9-45所示。

图9-45

STEP 46 选择文本，按一次 Ctrl+B 组合键，将文字分离，如图 9-46 所示。

图 9-46

STEP 47 选择文本，在"属性"面板调整字体颜色为白色，在滤镜属性中，添加发光和投影滤镜，如图 9-47 所示。

图 9-47

STEP 48 选择文本，调整文本的位置，如图 9-48 所示。

图 9-48

STEP 49 新建图层，命名为"声音"，如图 9-49 所示。

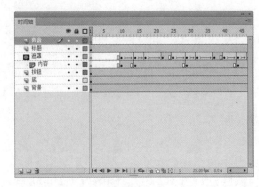

图 9-49

STEP 50 将库中的音频元件拖至舞台，为课件添加背景音乐，如图 9-50 所示。

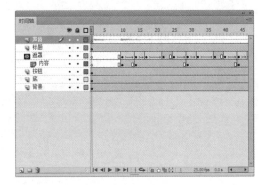

图 9-50

STEP 51 新建图层，命名为"AS"，如图 9-51 所示。

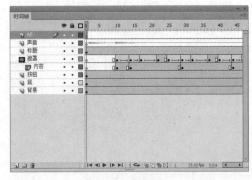

图 9-51

STEP 52 在第 1 帧处右击鼠标，选择"动作"命令，如图 9-52 所示。

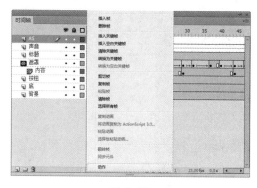

图 9-52

STEP 53 在弹出的"动作"对话框中输入代码，如图 9-53 所示。

图 9-53

STEP 54 在"AS"图层的第 24 帧处插入空白关键帧，如图 9-54 所示。

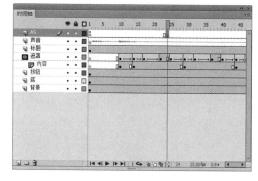

图 9-54

STEP 55 选择第 24 帧，右击鼠标后选择"动作"命令，在弹出的对话框中输入代码，如图 9-55 所示。

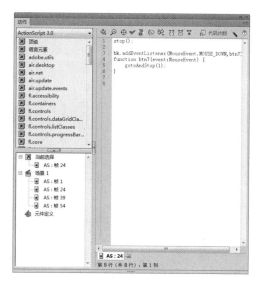

图 9-55

STEP 56 在"AS"图层的第 39 帧处插入空白关键帧，如图 9-56 所示。

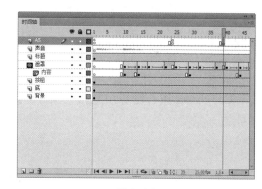

图 9-56

STEP 57 选择第 39 帧，右击鼠标后选择"动作"命令，在弹出的"动作"对话框中输入代码，如图 9-57 所示。

STEP 58 在"AS"图层的第 54 帧处插入空白关键帧，如图 9-58 所示。

STEP 59 选择第 54 帧，右击鼠标后选择"动作"命令，在弹出的"动作"对话框中输入代码，如图 9-59 所示。

图 9-57

图 9-59

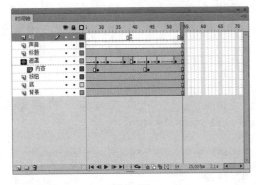

图 9-58

图 9-60

STEP 60 至此，语文教学课件制作完成，按下 Ctrl+Enter 组合键导出并预览课件，如图 9-60 所示。

【听我讲】

9.1　认识并应用组件

组件是带有参数的影片剪辑，这些参数可以修改组件的外观和行为。组件不仅可以是简单的用户界面控件，还可以包含相关内容。用户在浏览网页时，尤其是在填写注册表时，经常会见到 Flash 制作的单选按钮、复选框和按钮等元素，这些元素便是 Flash 中的组件。

9.1.1　组件及其类型

使用组件可以将应用程序的设计过程和编码分开。通过使用组件，开发人员可以创建设计人员在应用程序中能用到的功能。开发人员可以将常用功能封装到组件中，而设计人员只需通过更改组件的参数来自定义组件的大小、位置和行为。

此外，组件之间还可以共享核心功能，如样式、外观和焦点管理。将第一个组件添加至应用程序时，此核心功能大约占用 20 千字节的大小。当用户添加其他组件时，添加的组件会共享初始分配的内存，降低应用程序大小的增长。

在 Flash 中，常用的组件包含以下 5 种类型。

1．选择类组件

在制作一些用于网页的选择调查类文件时，选择类组件制作较为复杂。为了方便用户，在 Flash 中预置了 Button、CheckBox、RadioButton 和 NumericStepper 4 种常用的选择类组件。有了这些常用选择类组件制作 Flash 更加快捷。

2．文本类组件

虽然 Flash 具有功能强大的文本工具，但是利用文本类组件可以更加快捷、方便地创建文本框，并且可以载入文档数据信息。在 Flash 中预置了 Lable、TextArea 和 TextInput 3 种常用的文本类组件。

3．列表类组件

Flash 作为一种工具软件，为了直观地组织同类信息数据，方便用户选择，它根据不同的需求预置了不同方式的列表组件，包括 ComboBox、DataGrid 和 List 这三种列表类组件。

4．文件管理类组件

文件管理类组件可以对 Flash 中的多种信息数据进行有效的归类管理，其中包括 Accordion、Menu、MenuBar 和 Tree 4 种。

5．窗口类组件

使用窗口类组件可以制作类似于 Windows 操作系统的窗口界面，如带有标题栏和滚动条的资源管理器和执行某一操作时弹出的警告提示对话框等。窗口类组件包括 Alert、Loader、ScrollPane、Windows、UIScrollBar 和 ProgressBar。

在 Flash CS6 中，使用默认启用的"实时预览"功能，可以在舞台上查看组件将在发布的 Flash 内容中出现的近似大小和外观。若要测试功能，必须执行"控制"|"测试影片"命令。

9.1.2　组件的添加与删除

在了解了组件的一些基本知识后，接下来学习组件的添加与删除操作。

1. 组件的添加

组件的添加操作很简单，其具体操作方法介绍如下。

STEP 01 打开 Flash 软件，选择"窗口"|"组件"命令，弹出"组件"面板，如图 9-61 所示。

STEP 02 在"组件"面板中选择组件类型，将其拖至"库"面板中或者拖至舞台，如图 9-62、图 9-63 所示。

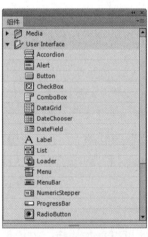
图 9-61

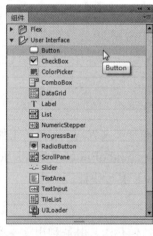
图 9-62

图 9-63

2. 组件的删除

组件的删除操作有两种，下面将对其进行详细介绍。

方法 1：在"库"面板中，选择要删除的组件，单击鼠标右键，选择"删除"命令。或者按下 Delete 键直接删除，如图 9-64 所示。

方法 2：选择要删除的组件，单击"库"面板底部的"删除"按钮，或将组件拖至"删除"按钮上，如图 9-65 所示。

图 9-64　　　　　　　　　　　　　图 9-65

9.2　复选框组件

CheckBox(复选框)组件属于一种选择类的组件,该组件常用于网页中的一些选项,比如一些调查问卷中的选项。CheckBox 组件支持单选或者多选。在 Flash 一系列选择项目中,利用复选框可以同时选取多个项目。当它被选中后,框中会出现一个复选标记。可以为 CheckBox 添加一个文本标签,并可以将它放在 CheckBox 的左侧、右侧、上面或下面。

打开"组件"面板,选择 CheckBox 组件将其拖至舞台即可,效果如图 9-66 所示。可在 CheckBox 组件实例所对应的"属性"面板中调整组件参数,如图 9-67 所示。

图 9-66

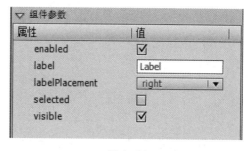

图 9-67

该组件属性面板中各参数选项含义如下。

(1) enabled:用于控制组件是否可用。

(2) label:用于确定复选框旁边的显示内容。默认值是"Label"。

(3) labelPlacement:用于确定复选框上标签文本的方向。其中包括 4 个选项:left、

right、top 和 bottom，默认值是 right。

(4) selected：用于确定复选框的初始状态为选中或取消选中。被选中的复选框中会显示一个对钩。

(5) visible：该选项用于决定对象是否可见。

在此，通过具体的实例来介绍该组件的应用方法。

STEP 01 打开"CheckBox 素材 .fla"文件，选择"窗口"|"组件"命令，弹出"组件"面板，如图 9-68 所示。

STEP 02 在"组件"面板中选择 CheckBox 组件类型，将其拖至"库"面板中，如图 9-69 所示。

STEP 03 将库中元件"1.jpg"作为背景图片拖至舞台。在"图层 1"上方新建"图层 2"，使用文本工具 **T** 在舞台上输入文字，如图 9-70 所示。

STEP 04 在"图层 2"上方新建"图层 3"，将库中的 CheckBox 组件拖至舞台。将元件复制 4 个，如图 9-71 所示。

图 9-68

图 9-69

图 9-70

图 9-71

STEP 05 在组件的"属性"面板中，调整 CheckBox 组件的属性值，在 label 文本框中输入文字，如图 9-72 所示。

STEP 06 使用同样的方法调整其余 4 个 CheckBox 组件的属性值，如图 9-73 所示。

图 9-72　　　　　　　　　　　　　　　　　　图 9-73

9.3　列表框组件

　　List(列表框) 组件是一个可滚动的单选或多选的列表框，并且还可显示图形及其他组件。List 组件的使用方法和 CheckBox 组件差不多，列表框组件和下拉列表框组件的很多属性都一样，不同之处就在于下拉列表框是单行下拉滚动，而列表框是平铺滚动。

　　打开"组件"面板下的 User Interface 类，在其中选择 ComboBox 组件将其拖至舞台即可调用，效果如图 9-74 所示。可在 ComboBox 组件实例所对应的"属性"面板中调整组件参数，如图 9-75 所示。

　　该组件"属性"面板中各参数选项含义如下。

　　(1) allowMultipleSelection：用于确定是否可以选择多个选项。如果可以选择多个选项，则选择此项；如果不能选择多个选项，则取消选择。

　　(2) dataProvider：用于填充列表数据的值数组。

　　(3) enabled：用于控制组件是否可用。

　　(4) horizontalLineScrollSize：用于确定每次按下滚动条两边的箭头按钮时水平滚动条移动多少个单位，默认值为 4。

　　(5) horizontalPageScrollSize：用于指明每次按滚动条时水平滚动条移动多少个单位，默认值为 0。

　　(6) horizontalScrollPolicy：用于确定是否显示水平滚动条。该值可以为 on(显示)、off (不显示) 或 auto (自动)，默认值为 auto。

　　(7) verticalLineScrollSize：用于指明每次按下滚动条两边的箭头按钮时垂直滚动条移动多少个单位，默认值为 4。

　　(8) verticalPageScrollSize：用于指明每次按滚动条时垂直滚动条移动多少个单位，默认值为 0。

　　(9) verticalScrollPolicy：用于确定是否显示垂直滚动条。该值可以为 on (显示)、off (不显示) 或 auto (自动)，默认值为 auto。

(10) visible：用于决定对象是否可见。

图 9—74 　　　　　　　　　　　　　　　　　　　图 9—75

在此，通过具体的实例制作来讲解该组件的应用方法。

STEP 01 打开"list 素材 .fla"文件，选择"窗口"|"组件"命令，弹出"组件"面板，如图 9-76 所示。

STEP 02 在"组件"面板中选择 List 组件类型，将其拖至"库"面板中，如图 9-77 所示。

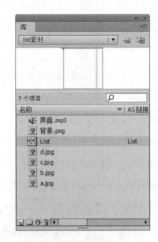

图 9—76 　　　　　　　　　　　　　　　　　　　图 9—77

STEP 03 将库中元件"背景 .png"作为背景图片拖至舞台，在第 4 帧处插入普通帧。在"图层 1"下方新建"图层 2"，在第 1~4 帧处插入关键帧，如图 9-78 所示。

STEP 04 选择"图层 2"的第 1~4 帧处的关键帧，将库中元件"a""b""c""d"拖至舞台左侧，如图 9-79 所示。

STEP 05 在"图层 1"上方新建"图层 3"，将库中 List 组件元件拖至舞台。将该元件实例命名为"mm"。在第 4 帧处插入普通帧，如图 9-80 所示。

STEP 06 选择舞台上的 List 组件，打开其属性面板，单击 labels 后的"值"，在弹出的对话框中，单击 ➕ 按钮添加选项，输入文字，如图 9-81 所示。

图 9-78

图 9-79

图 9-80

图 9-81

STEP 07 在"图层3"上方新建"图层4"，使用文本工具 T 输入文字。在"图层4"上方新建"图层5"，如图9-82所示。

STEP 08 为动画添加背景音乐，选择"图层5"后将库中元件"声音.mp3"拖至舞台。在"图层5"上方新建"图层6"，如图9-83所示。

图 9-82

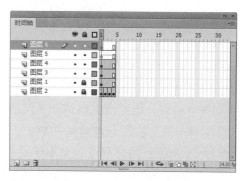

图 9-83

STEP 09 选择"图层6"的第1帧，打开"动作"面板，输入相应的动作代码，如图9-84所示。

STEP 10 至此，List 组件的实例制作完成，保存并测试影片，如图 9-85 所示。

图 9-84

图 9-85

9.4　输入文本组件

TextInput 即输入文本组件，该组件是单行文本组件。比如在网页上通常会出现需要填写用户的个人信息、输入账号密码等。

打开"组件"面板，选择 TextInput 组件将其拖至舞台即可调用，效果如图 9-86 所示。可在 TextInput 组件实例所对应的"属性"面板中调整组件参数，如图 9-87 所示。

图 9-86

图 9-87

该组件"属性"面板中各主要参数选项含义如下。

(1) editable：用于指示该字段是 (true) 否 (false) 可编辑。

(2) password：用于指示该文本字段是否为隐藏所输入字符的密码字段。

(3) text：用于设置 TextInput 组件的文本内容。

(4) maxChars：用户可以在文本字段中输入的最大字符数。

(5) restrict：用于指明用户可以在文本字段输入哪些字符。

下面通过具体的实例应用来介绍该组件的应用方法。

STEP 01 打开"TextInput 素材 .fla"文件，选择"窗口"|"组件"命令，弹出"组件"面板，如图 9-88 所示。

STEP 02 在"组件"面板中选择 TextInput 组件和 Button 组件，将其拖至"库"面板中，如图 9-89 所示。

图 9-88   图 9-89

STEP 03 将库中元件"元件 1"作为背景图片拖至舞台，在第 2 帧处插入普通帧。在"图层 1"上方新建"图层 2"，使用文本工具 **T** 输入文字，如图 9-90 所示。

STEP 04 在"图层 2"上方新建"图层 3"，将库中的 TextInput 组件拖至舞台，并复制几个，对应放置在文字后面。将 Button 组件拖至舞台下方，如图 9-91 所示。

图 9-90   图 9-91

STEP 05 选中"图层 3"中的 TextInput 组件和 Button 组件，并根据其前面的文字在其"属性"面板中分别为其命名为 uname、nannv、age、dianhua、huji、zhuanye、aihao、submit，如图 9-92 所示。

STEP 06 在"图层 3"上方新建"图层 4"，使用文本工具 **T** 输入文字"请填写您的个人信息"，并在第 2 帧处插入空白关键帧，使用文本工具 **T** 输入文字"请确认您的个人信息"，如图 9-93 所示。

STEP 07 在"图层 4"上方新建"图层 5"，选择第 1 帧后打开"动作"面板，输入相应的动作代码，如图 9-94 所示。

STEP 08 在"图层 5"的第 2 帧处插入空白关键帧，打开"动作"面板，输入相应的动作代码，如图 9-95 所示。

图 9-92

图 9-93

图 9-94

图 9-95

STEP **09** 新建"图层 6"，将库中元件"声音 .mp3"拖至舞台，在"属性"面板"声音"选项组中，将"同步"内容改为"开始"和"循环"，如图 9-96 所示。

STEP **10** 至此，TextInput 组件的实例制作完成，保存并测试影片，如图 9-97 所示。

图 9-96

图 9-97

9.5　文本域组件

TextArea 是一个文本域组件，它是一个多行文字字段，具有边框和选择性的滚动条。其用于教学课件和网络文章等。TextArea 类的属性允许用户在运行时设置文本内容、格式以及水平和垂直位置。用户也可以指明该字段是否可编辑，以及该字段是否为"密码"字段。

打开"组件"面板，选择 TextArea 组件并将其拖至舞台即可调用，效果如图 9-98 所示。可在 TextArea 组件实例所对应的"属性"面板中调整组件参数，如图 9-99 所示。

该组件"属性"面板中各主要参数含义如下。

(1) editable：用于指示该字段是否可编辑。

(2) enabled：用于控制组件是否可用。

图 9-98

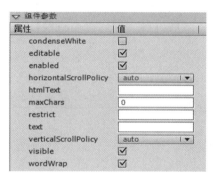

图 9-99

(3) horizontalScrollPolicy：用于指示水平滚动条是否启用。该值可以为 on(显示)、off(不显示) 或 auto (自动)，默认值为 auto。

(4) maxChars：文本区域最多可以容纳的字符数。

(5) restrict：用户可在文本区域中输入的字符集。

(6) text：TextArea 组件的文本内容。

(7) verticalScrollPolicy：用于指示垂直滚动条是否启用。该值可以为 on (显示)、off (不显示) 或 auto (自动)，默认值为 auto。

(8)wordWrap：用于控制文本是否自动换行。

下面通过具体的案例操作来介绍该组件的应用方法。

STEP 01 打开"TextArea 素材 .fla"文件，选择"窗口"|"组件"命令，弹出"组件"面板，如图 9-100 所示。

STEP 02 在"组件"面板中选择 TextArea 组件类型，将其拖至"库"面板中，如图 9-101 所示。

STEP 03 将库中元件"背景"作为背景图片拖至舞台。在"图层 1"上方新建"图层 2"，将库中 TextArea 组件拖至舞台，如图 9-102 所示。

STEP 04 在"图层 2"上方新建"图层 3"，使用文本工具 **T** 在 TextArea 组件中输入古诗词，如图 9-103 所示。

图 9—100 图 9—101

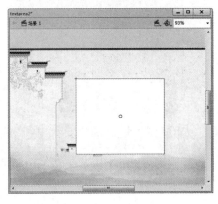

图 9—102 图 9—103

STEP 05 新建图层，使用文本工具输入文字，介绍李白个人信息，如图 9-104 所示。

STEP 06 新建图层，然后将库中"音乐"拖至舞台，为其添加背景音乐。至此，TextArea 组件的实例制作完成，保存并测试影片，如图 9-105 所示。

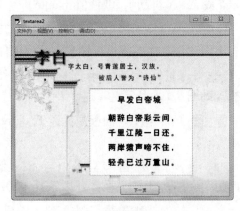

图 9—104 图 9—105

9.6 下拉列表框组件

CommboBox(下拉列表框)组件与对话框中的下拉列表框类似，单击右边的下拉按钮即可弹出相应的下拉列表，以供选择需要的选项。如用户可以在客户地址表单中提供一个省份的下拉列表。对于比较复杂的情况，可以使用可编辑的 ComboBox。

打开"组件"面板，选择 ComboBox 组件并将其拖至舞台即可调用，效果如图 9-106 所示。ComboBox 由三个子组件构成：BaseButton、TextInput 和 List 组件。可在 ComboBox 组件实例所对应的"属性"面板中调整组件参数，如图 9-107 所示。

图 9-106   图 9-107

该组件"属性"面板中各主要参数选项含义如下。

(1) dataProvider：用于将一个数据值与 ComboBox 组件中的每个项目相关联。

(2) editable：用于决定用户是否可以在下拉列表框中输入文本。

(3) rowCount：用于确定在不使用滚动条时最多可以显示的项目数，默认值为 5。

下面通过具体实例的制作来介绍该组件的使用方法。

STEP 01 打开"combobox 素材 .fla"文件，选择"窗口"|"组件"命令，弹出"组件"面板，如图 9-108 所示。

STEP 02 在"组件"面板中选择 ComboBox 组件类型，将其拖至"库"面板中，如图 9-109 所示。

图 9-108   图 9-109

STEP **03** 将库中元件"1.jpg"作为背景图片拖至舞台，并在"图层 1"上方新建"图层 2"，将库中"元件 1"和"元件 2"拖至舞台，如图 9-110 所示。

STEP **04** 在"图层 2"上方新建"图层 3"，使用文本工具 **T** 输入文字。在"图层 3"上方新建"图层 4"，如图 9-111 所示。

图 9-110

图 9-111

STEP **05** 选中"图层 4"，将库中 ComboBox 组件拖至舞台文字后面对应的位置。打开"组件"面板，将其中 Button 组件拖至舞台下方，如图 9-112 所示。

STEP **06** 分别打开各 ComboBox 组件的"属性"面板，在属性栏中，找到 Labels 属性，单击 Labels 后的"值"，在弹出的对话框中，单击 ➕ 按钮添加选项，输入文字，如图 9-113 所示。

图 9-112

图 9-113

STEP **07** 在"图层 4"上方新建"图层 5"，在第 1 帧处打开"动作"面板，从中输入相应的动作代码，如图 9-114 所示。

STEP **08** 在"图层 1"的第 2 帧处插入普通帧，在"图层 2"的第 2 帧处插入关键帧，将舞台上的"元件 1"删除，如图 9-115 所示。

STEP **09** 在"图层 3"的第 2 帧处插入空白关键帧。使用文本工具 **T** 输入文字。在"图层 4"的第 2 帧处插入空白关键帧，打开"组件"面板将 TextArea 组件拖至舞台，如图 9-116 所示。

STEP **10** 将库中 Button 组件拖至舞台下方。在其"属性"面板的 label 文本框中输入文字。在"图层 5"的第 2 帧处插入普通帧，打开"动作"面板，从中输入代码"_root.finals.text = text2;"，如图 9-117 所示。

图 9-114

图 9-115

图 9-116

图 9-117

STEP **11** 在"图层 5"上方新建"图层 6"，将库中元件"声音 .mp3"拖至舞台，在第 2 帧处插入普通帧，如图 9-118 所示。在声音"属性"面板中，将声音设置为"开始""循环"。

STEP **12** 至此，ComboBox 组件实例制作完成，保存并测试影片，观看制作后的效果，如图 9-119 所示。

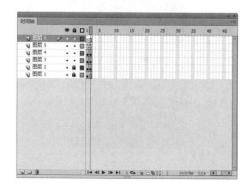

图 9-118

图 9-119

9.7　滚动条组件

UIScrollBar 组件可以将滚动条添加到文本字段中。可以在创作时将滚动条添加到文本字段中，或使用 ActionScript 在运行时添加。

打开"组件"面板，选择 UIScrollBar 组件并将其拖至舞台即可调用，效果如图 9-120 所示。可在 UIScrollBar 组件实例所对应的"属性"面板中调整组件参数，如图 9-121 所示。

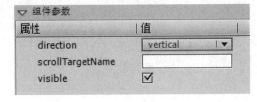

图 9-120　　　　　　　　　　　　　　　图 9-121

该组件"属性"面板中各参数选项含义如下。

(1)direction：用于选择 UIScrollBar 组件方向是横向还是纵向。

(2)scrollTargetName：用于设置滚动条的目标名称。

(3)visible：用于控制 UIScrollBar 组件是否可见。

下面通过具体实例的制作来介绍该组件的应用。

STEP 01 打开"UIScrollBar 素材 .fla"文件，选择"窗口"|"组件"命令，弹出"组件"面板，如图 9-122 所示。

STEP 02 在"组件"面板中选择 UIScrollBar 组件类型，将其拖至"库"面板中，如图 9-123 所示。

图 9-122　　　　　　　　　　　　　　　图 9-123

STEP 03 将库中元件"e.jpg"作为背景拖至舞台，在"图层 1"上方新建图层

"UIScrollBar"，将库中 UIScrollBar 组件拖至舞台，如图 9-124 所示。

STEP 04 在"UIScrollBar"图层上方新建"text"图层，在舞台白色区域内使用文本工具 **T** 拖出一块文本区，如图 9-125 所示。

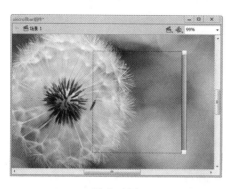
图 9-124

图 9-125

STEP 05 在"text"图层上方新建图层，使用文本工具 **T** 在舞台输入文字"三叶草的小知识"。新建图层，选中该图层后将库中元件"声音 .mp3"拖至舞台，如图 9-126 所示。

STEP 06 新建图层，在该图层的第 1 帧打开"动作"面板，输入相应的动作代码。至此，UIScrollBar 组件的实例制作完成，保存并测试影片，如图 9-127 所示。

图 9-126

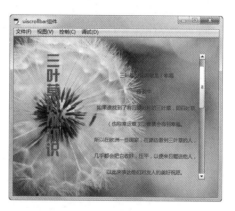
图 9-127

设计妙招

如果滚动条的长度过长或过短，则滚动条将无法正确显示。一个箭头按钮将隐藏在另一个的后面。Flash 对此不提供错误检查。在这种情况下，最好使用 ActionScript 隐藏滚动条。如果调整滚动条的尺寸以至没有足够的空间留给滚动框（滑块），则 Flash 会使滚动框变为不可见。

【自己练】

项目练习1：制作古诗课件

效果如图 9-128 所示。

图 9-128

💻 **制作流程：**

STEP 01 将背景素材导入到舞台。

STEP 02 制作课件的目录、题目等不动的文字和图案等。

STEP 03 制作课件内容，在不同的关键帧上输入课件的不同内容。

STEP 04 添加代码，实现课件的互动跳转。

项目练习2：制作语文教学课件

效果如图 9-129 所示。

图 9-129

💻 **制作流程：**

STEP 01 选择背景图片导入到舞台，在第2帧处插入空白关键帧，导入另一种背景素材。

STEP 02 新建图层，在第1帧输入课件内容，制作按钮，放置在内容下方。

STEP 03 在第2帧输入课件内容，制作按钮，放置在内容下方。

STEP 04 添加代码，实现课件的互动跳转。

第10章

制作交互动画
——ActionScript 特效详解

本章概述：

    本章通过节日贺卡的制作来介绍交互动画的设计方法。所谓交互动画，即在播放动画作品时，支持事件响应和交互功能的一种动画。这种交互功能主要是依靠动作脚本语言 ActionScript 实现的。通过对本章内容的学习，读者不仅可以熟悉脚本的编写与调试方法，还能掌握动作脚本在动画设计中的应用技巧等。

要点难点：

ActionScript 3.0 语法　★★☆
运算符的应用　★★☆
动作面板的应用　★★★
脚本的编写　★★★

案例预览：

【跟我学】 制作个性节日贺卡

🖥 案例描述

　　这里将以节日贺卡的制作为例。该案例综合应用 Flash 中的多种工具。通过学习该案例，读者可以熟悉和掌握 ActionScript 语言的应用。

🖥 制作过程

　　STEP 01 打开贺卡的素材文件，打开库面板，将库中的"背景"素材拖至舞台的合适位置，如图 10-1 所示。

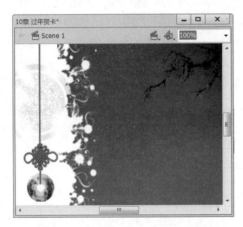

图 10-1

　　STEP 02 新建几个图层并重新命名，如图 10-2 所示。

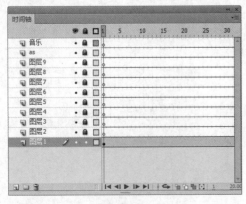

图 10-2

　　STEP 03 选择"图层 1"，将第 1 帧的关键移动至第 2 帧，选择"图层 4"，使用矩形工具绘制一个白色矩形，充满舞台，如图 10-3 所示。

图 10-3

　　STEP 04 在"图层 4"上使用铅笔工具绘制一个公鸡，使用颜料桶工具将其填充为红色，如图 10-4 所示。

图 10-4

STEP **05** 选择"图层 4",使用文本工具输入文字,选择"图层 4"上的所有内容,按下 F8 键将其转化为图形元件,如图 10-5 所示。

图 10-5

STEP **06** 选择"图层 8",使用椭圆工具绘制一个按钮图形,如图 10-6 所示。

图 10-6

STEP **07** 选择"图层 8",使用文本工具输入文字,选择"图层 8"的所有内容,按下 F8 键将其转化为影片剪辑元件,如图 10-7 所示。

STEP **08** 选择"图层 9",使用矩形工具绘制一个矩形,充满舞台,按下 F8 键将其转化为按钮元件,如图 10-8 所示。

STEP **09** 右击绘制好的矩形按钮元件,选择"动作"命令,打开"动作"面板,输入代码,如图 10-9 所示。

图 10-7

图 10-8

图 10-9

STEP **10** 在所有图层的第 2 帧处插入关键帧,选择"图层 4"和"图层 8",在第 6 帧处插入关键帧,在第 7 帧处插入空白关键帧,如图 10-10 所示。

CHAPTER 06
CHAPTER 07
CHAPTER 08
CHAPTER 09
CHAPTER 10

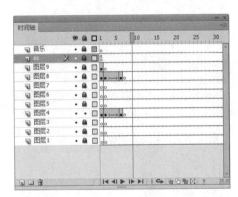

图 10-10

STEP **11** 在"图层 4"和"图层 8"的第 1~6 帧之间创建传统补间动画,在"图层 4"和"图层 8"的第 6 帧处,选择舞台上的实例,在"属性"面板将其 Alpha 值设置为 0,如图 10-11 所示。

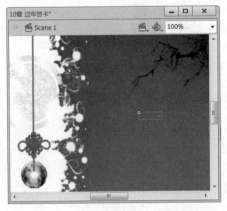

图 10-11

STEP **12** 选择"图层 2",将库中的烟花素材拖至舞台,如图 10-12 所示。

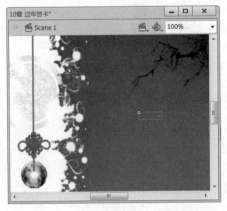

图 10-12

STEP **13** 选择"图层 3",使用矩形工具绘制一个白色矩形充满舞台,并将矩形转化为图形元件,如图 10-13 所示。

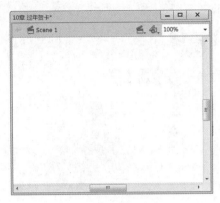

图 10-13

STEP **14** 选择"图层 3",在第 35 帧处插入关键帧,选择该帧处的白色矩形,将其 Alpha 值设置为 0,如图 10-14 所示。

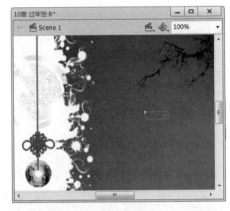

图 10-14

STEP **15** 选择"图层 3",在第 1~35 帧之间创建传统补间动画,在第 36 帧处插入空白关键帧。在"图层 5"的第 36 帧处,插入空白关键帧,如图 10-15 所示。

STEP **16** 在"图层 3"第 36 帧处的舞台上,使用铅笔工具绘制一只剪纸公鸡,将其转化为图形元件,如图 10-16 所示。

STEP **17** 在"图层 5"第 36 帧处的舞台上,使用文本工具输入文字,将其转化为图形元件,如图 10-17 所示。

CHAPTER 06
CHAPTER 07
CHAPTER 08
CHAPTER 09
CHAPTER 10

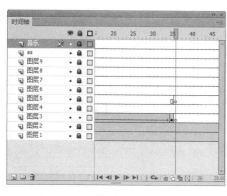

图 10-15

图 10-16

图 10-17

STEP 18 选择"图层 3"和"图层 5"，在第 73 帧处插入关键帧，选择两个图层的第 36 帧，将该帧处元件的 Alpha 属性设置为 0，在两个图层的第 36~73 帧之间创建传统补间动画，如图 10-18 所示。

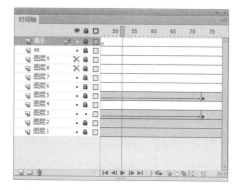

图 10-18

STEP 19 选择"图层 5"，在第 147、168 帧处插入关键帧，在第 169 帧处插入空白关键帧，如图 10-19 所示。

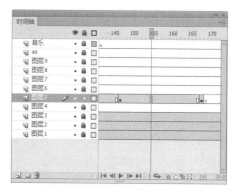

图 10-19

STEP 20 选择"图层 5"的第 168 帧，将舞台上元件的 Alpha 值设置为 0，在第 147~168 帧之间创建传统补间动画，如图 10-20 所示。

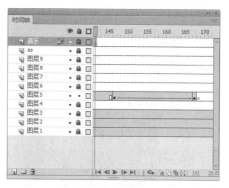

图 10-20

STEP 21 在"图层 3"的第 147、190

帧处插入关键帧，在第 191 帧处插入空白关键帧，如图 10-21 所示。

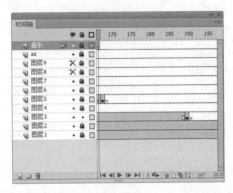

图 10-21

STEP **22** 选择第 191 帧，将舞台上元件的 Alpha 值设置为 0，在第 147~191 帧之间创建传统补间动画，如图 10-22 所示。

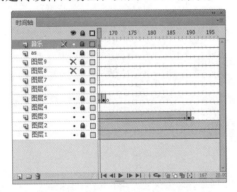

图 10-22

STEP **23** 在 "图层 4" 的第 147 帧处插入关键帧，使用铅笔工具在舞台上绘制剪纸公鸡。将其转化为图形元件，如图 10-23 所示。

图 10-23

STEP **24** 在 "图层 4" 的第 190 帧处插入关键帧。选择第 147 帧处的元件，将其的 Alpha 值设置为 0。在第 147~190 帧之间创建传统补间动画，如图 10-24 所示。

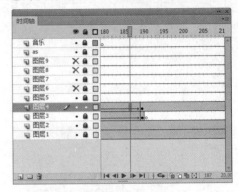

图 10-24

STEP **25** 在 "图层 6" 的第 169 帧处插入关键帧，使用文本工具输入文字，并将文本转化为图形元件，如图 10-25 所示。

图 10-25

STEP **26** 在 "图层 6" 的第 190 帧处插入关键帧，选择第 169 帧，将舞台上元件的 Alpha 值设置为 0，在第 169~190 帧之间创建传统补间动画，如图 10-26 所示。

STEP **27** 在 "图层 6" 的第 270、290 帧处插入关键帧，在第 291 帧处插入空白关键帧，如图 10-27 所示。

STEP **28** 选择第 290 帧，将舞台上元件的 Alpha 值设置为 0，在第 270~290 帧之间创建传统补间动画，如图 10-28 所示。

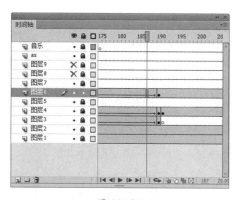

图 10-26

图 10-27

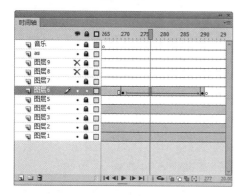

图 10-28

鸡，并将其转化为图形元件，如图 10-31 所示。

图 10-29

图 10-30

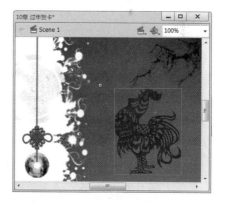

图 10-31

STEP **29** 在"图层 4"的第 270、314 帧处插入关键帧，在第 315 帧处插入空白关键帧，如图 10-29 所示。

STEP **30** 选择第 314 帧，将舞台上元件的 Alpha 值设置为 0，在第 270~314 帧之间创建传统补间动画，如图 10-30 所示。

STEP **31** 在"图层 5"的第 270 帧处插入关键帧，使用铅笔工具绘制一个剪纸公

STEP **32** 在"图层 5"的第 313 帧处插入关键帧，选择第 270 帧，将舞台上元件的 Alpha 值设置为 0，在第 270~313 帧之间创建传统补间动画，如图 10-32 所示。

STEP **33** 在"图层 6"的第 291 帧处插入关键帧，使用文本工具输入文字，并将

CHAPTER 06　CHAPTER 07　CHAPTER 08　CHAPTER 09　CHAPTER 10

文字转化为图形元件，如图 10-33 所示。

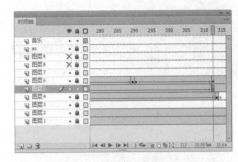

图 10-32

图 10-35

图 10-33

STEP 34 在"图层 6"的第 313 帧处插入关键帧，选择第 291 帧，将舞台上元件的 Alpha 值设置为 0，在第 291~313 帧之间创建传统补间动画，如图 10-34 所示。

STEP 36 在"图层 7"的第 342 帧处插入关键帧，选择第 324 帧，将舞台上元件的 Alpha 值设置为 0，在第 324~342 帧之间创建传统补间动画，如图 10-36 所示。

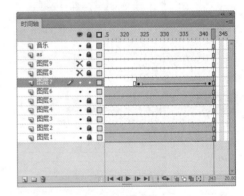

图 10-36

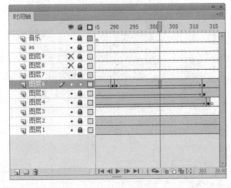

图 10-34

STEP 37 在"图层 7"的第 343 帧处插入空白关键帧，如图 10-37 所示。

STEP 35 在"图层 7"的第 324 帧处插入关键帧，在舞台的右下角使用文本工具输入文字，并将文字转化为图形元件，如图 10-35 所示。

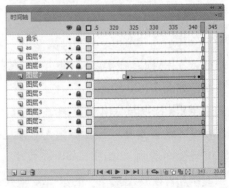

图 10-37

STEP 38 选择"as"图层，在第 343 帧处插入空白关键帧，将库中的按钮元件拖至舞台右下角，如图 10-38 所示。

图 10-38

STEP 39 在"as"层的第 343 帧处右击鼠标，选择"动作"命令，在"动作"面板输入代码，如图 10-39 所示。

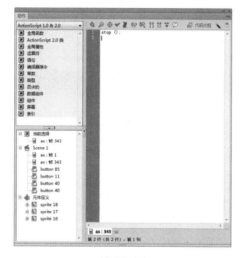

图 10-39

STEP 40 选择"as"图层，在第 1 帧处右击鼠标，选择"动作"命令，在"动作"面板输入代码，如图 10-40 所示。

STEP 41 选择"音乐"图层，将库中的音乐元件拖至舞台，为贺卡添加背景音乐，如图 10-41 所示。

图 10-40

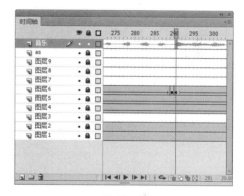

图 10-41

STEP 42 至此贺卡制作完成，按下 Ctrl+Enter 组合键导出并预览贺卡效果，如图 10-42 所示。

图 10-42

【听我讲】

10.1 ActionScript 3.0 起源

ActionScript 语句是 Flash 提供的一种动作脚本语言，它是一种编程语言，用来编写 Adobe Flash 电影和应用程序。ActionScript 1.0 最初随 Flash 5 一起发布，这是第一个完全可编程的版本。Flash 6 增加了几个内置函数，允许通过程序更好地控制动画元素。在 Flash 7 中引入了 ActionScript 2.0，这是一种强类型的语言，支持基于类的编程特性，比如继承、接口和严格的数据类型。Flash 8 进一步扩展了 ActionScript 2.0，添加了新的类库以及用于在运行时控制位图数据和文件上传的 API。Flash Player 中内置的 ActionScript Virtual Machine(AVM1) 执 行 ActionScript。 通 过 使 用 新 的 虚 拟 机 ActionScript Virtual Machine(AVM2)，大大提高了性能。

ActionScript 3.0 现在为基于 Web 的应用程序提供了更多的可能性。它进一步增强了语言，提供了出色的性能，简化了开发的过程，因此更适合高度复杂的 Web 应用程序和大数据集。ActionScript 3.0 可以为以 Flash Player 为目标的内容和应用程序提供高性能和开发效率，不同版本的 ActionScript 显示不同的脚本命令，如图 10-43、图 10-44、图 10-45 所示。

图 10-43　　　　　　　　　图 10-44　　　　　　　　　图 10-45

ActionScript 是在 Flash 影片中实现互动的重要组成部分，也是 Flash 优越于其他动画制作软件的主要因素。ActionScript 3.0 的脚本编写功能超越了其早期版本，主要目的是方便创建拥有大型数据集和面向对象的可重用代码库的高度复杂应用程序。

ActionScript 3.0 提供了可靠的编程模型，它包含了 ActionScript 编程人员所熟悉的许多类和功能。相对于早期 ActionScript 版本改进的一些重要功能包括如下几个方面。

(1) 一个更为先进的编译器代码库，可执行比早期编译器版本更深入的优化。

(2) 一个新增的 ActionScript 虚拟机，称为 AVM2，它使用全新的字节代码指令集，可使性能显著提高。

(3) 一个扩展并改进的应用程序编程接口 (API)，拥有对对象的低级控制和真正意义上的面向对象的模型。

(4) 一个基于文档对象模型 (DOM) 第 3 级事件规范的事件模型。

(5) 一个基于 ECMAScript for XML(E4X) 规范的 XML API。E4X 是 ECMAScript 的一种语言扩展，它将 XML 添加为语言的本机数据类型。

10.2　ActionScript 3.0 语法

语法是每一种编程语言的基础，例如如何设定变量、使用表达式、进行基本的运算。语法可以理解为规则，即正确构成编程语句的方式。在 Flash 中，必须使用正确的语法构成语句，才能使代码正确地编译和运行。下面介绍 ActionScript 3.0 的基本语法。

10.2.1　常量与变量

下面将对脚本中的常量与变量进行简单介绍。

1．常量

常量是相对于变量来说的，它是使用指定的数据类型表示计算机内存中的值的名称。其区别在于，在 ActionScript 应用程序运行期间只能为常量赋值一次。

常量是指在使用程序运行中保持不变的参数。常量包括数值型、字符串型和逻辑型。数值型就是具体的数值，例如 x=3；字符串型是用引号括起来的一串字符，例如 x="ABC"；逻辑型用于判断条件是否成立，例如 true 或 1 表示真 (成立)，false 或 0 表示假 (不成立)，逻辑型常量也叫布尔常量。

若需要定义在整个项目中多个位置使用且正常情况下不会更改的值，则定义常量非常有用。使用常量而不是字面值可提高代码的可读性。

声明常量需要使用关键字 const，如下示例代码：

const SALES_TAX_RATE:Number = 0.4;

假设用常量定义的值需要更改，在整个项目中若使用常量表示特定值，则可以在一处位置更改此值 (常量声明)。相反，若使用硬编码的字面值，则必须在各个位置更改此值。

2．变量

变量是一段有名字的连续存储空间。在源代码中通过定义变量来申请并命名这样的存储空间，最后通过变量的名字来使用这段存储空间。变量即用来存储程序中使用的值，

CHAPTER 06

CHAPTER 07

CHAPTER 08

CHAPTER 09

CHAPTER 10

声明变量的一种方式是使用 Dim 语句、Public 语句和 Private 语句在 Script 中显式声明。要声明变量，必须将 var 语句和变量名结合使用。

在 ActionScript 2.0 中，只有当用户使用类型注释时，才需要使用 var 语句。在 ActionScript 3.0 中，var 语句不能省略使用。如要声明一个名为"z"的变量，ActionScript 代码的格式为：

var z;

若在声明变量时省略了 var 语句，则在严格模式下会出现编译器错误，在标准模式下会出现运行时错误。若未定义变量 z，则下面的代码行将产生错误：

z; // error if a was not previously defined

在 ActionScript 3.0 中，一个变量实际上包含三个不同部分。

(1) 变量的名称。

(2) 可以存储在变量中的数据类型，如 String(文本型)、Boolean(布尔型) 等。

(3) 存储在计算机内存中的实际值。

变量的开头字符必须是字母、下划线，后续字符可以是字母、数字等，但不能是空格、句号、关键字和逻辑常量等字符。

要将变量与一个数据类型相关联，则必须在声明变量时进行此操作。在声明变量时不指定变量的类型是合法的，但这在严格模式下会产生编译器警告。可通过在变量名后面追加一个后跟变量类型的冒号 (:) 来指定变量类型。如下面的代码声明一个 int 类型的变量 a：

var a : int;

变量可以赋值一个数字、字符串、布尔值和对象等。Flash 会在变量赋值的时候自动决定变量的类型。在表达式中，Flash 会根据表达式的需要自动改变数据的类型。

可以使用赋值运算符 (=) 为变量赋值。例如，下面的代码声明一个变量 a 并将值 10 赋给它：

var a:int;

a = 10;

用户可能会发现在声明变量的同时为变量赋值更加方便，如下面的示例代码：

var a:int = 10;

通常，在声明变量的同时为变量赋值的方法不仅在赋予基元值 (如整数和字符串) 时很常用，而且在创建数组或实例化类的实例时也很常用。下面的示例显示了一个使用一行代码声明和赋值的数组。

var numArray:Array = ["one", "two","three"];

可以使用 new 运算符来创建类的实例。下面的示例创建一个名为 CustomClass 的实例，并向名为 customItem 的变量赋予对该实例的引用：

var customItem:CustomClass = new CustomClass();

如果要声明多个变量，则可以使用逗号运算符 (,) 来分隔变量，从而在一行代码中声明所有这些变量。如下面的代码在一行代码中声明 3 个变量：

　　var a:int, b:int, c:int;

也可以在同一行代码中为其中的每个变量赋值。如下面的代码声明 3 个变量 (x、y 和 z) 并为每个变量赋值：

　　var x:int = 5, y:int = 10, z:int = 15;

设计妙招

　　在 ActionScript 3.0 中，不能使用关键字和保留字作为标识符，即不能使用关键字和保留字作为变量名、方法名、类名等。

　　保留字是一些单词，因为这些单词是保留给 ActionScript 使用的，所以不能在代码中将它们用作标识符。保留字包括词汇关键字，编译器将词汇关键字从程序的命名空间中移除。如果用户将词汇关键字用作标识符，则编译器会报告一个错误。

3．数据类型

ActionScript 3.0 的数据类型可以分为简单数据类型和复杂数据类型两大类。简单数据类型只是表示简单的值，是在最低抽象层存储的值，运算速度相对较快。例如字符串、数字都属于简单数据，保存它们变量的数据类型都是简单数据类型。而类类型属于复杂数据类型，例如 Stage 类型、MovieClip 类型和 TextField 类型都属于复杂数据类型。

ActionScript 3.0 的简单数据类型的值可以是数字、字符串和布尔值等。其中，Int 类型、Uint 类型和 Number 类型表示数字类型，String 类型表示字符串类型，Boolean 类型表示布尔值类型，布尔值只能是 true 或 false。所以，简单数据类型的变量只有三种，即字符串、数字和布尔值。

(1) String：字符串类型。

(2) Numeric：对于 Numeric 型数据，ActionScript 3.0 包含三种特定的数据类型，分别如下。

● Number：任何数值，包括有小数部分或没有小数部分的值。

● Int：一个整数 (不带小数部分的整数)。

● Uint：一个"无符号"整数，即不能为负数的整数。

(3) Boolean：布尔类型，其属性值为 true 或 false。

在 ActionScript 中定义的大多数数据类型可能是复杂数据类型。它们表示单一容器中的一组值，例如数据类型为 Date 的变量表示单一值 (某个时刻)，然而，该日期值以多个值表示，即天、月、年、时、分、秒等，这些值都为单独的数字。

当通过属性面板定义变量时，这个变量的类型也被自动声明了。例如，定义影片剪辑实例的变量时，变量的类型为 MovieClip 类型；定义动态文本实例的变量时，变量的类型为 TextField 类型。

常见的复杂数据类型列举如下。

- MovieClip：影片剪辑元件。
- TextField：动态文本字段或输入文本字段。
- SimpleButton：按钮元件。
- Date：有关时间中的某个片刻的信息（日期和时间）。

10.2.2 点

通过点运算符 (.) 提供对对象的属性和方法的访问。使用点语法，可以使用跟点运算符和属性名或方法名的实例名来引用类的属性或方法。例如：

```
class DotExample{
    public var property1:String;
    public function method1():void {}
}
var myDotEx:DotExample = new DotExample(); // 创建实例
myDotEx.property1 = "hi"; // 用点语法访问 property1 属性
myDotEx.method1(); // 用点语法访问 method1() 方法
```

定义包时，可以使用点运算符来引用嵌套包。例如：

```
// EventDispatcher 类位于一个名为 events 的包中，该包嵌套在名为 Flash 的包中
Flash.events; // 点语法引用 events 包
Flash.events.EventDispatcher; // 点语法引用 EventDispatcher 类
```

10.2.3 分号

分号常用来作为语句的结束和循环中参数的隔离。在 ActionScript 3.0 中，可以使用分号字符 (;) 来终止语句。例如下面两行代码所示：

```
Var myNum:Number=20;
myLabe1.height=myNum;
```

分号还可以在 for 循环中，分隔 for 循环的参数。例如以下代码所示：

```
Var i:Number;
for ( i = 0;i < 5; i++) {
    trace ( i ); // 0,1,…,4
}
```

10.2.4　注释

注释是一种对代码进行注解的方法，编译器不会把注释识别成代码，注释可以使 ActionScript 程序更容易理解。

注释的标记为 /* 和 //。ActionScript 3.0 代码支持两种类型的注释：单行注释和多行注释。这些注释机制与 C++ 和 Java 中的注释机制类似。

(1) 单行注释以两个正斜杠字符 "//" 开头并持续到该行的末尾。例如：

var myNumber:Number = 10; //

(2) 多行注释以一个正斜杠和一个星号 "/*" 开头，以一个星号和一个正斜杠 "*/" 结尾。

10.2.5　小括号

小括号用途很多，例如保存参数、改变运算的顺序等。在 ActionScript 3.0 中，可以通过三种方式使用小括号 ()。

(1) 使用小括号来更改表达式中的运算顺序，小括号中的运算优先级高。例如：

trace(4+ 3 * 5); // 19

trace((4+3) * 5); // 35

(2) 使用小括号和逗号运算符 "," 来计算一系列表达式并返回最后一个表达式的结果。例如：

var a:int = 6;

var b:int = 8;

trace((a--, b++, a*b)); // 45

(3) 使用小括号向函数或方法传递一个或多个参数。例如：

trace("Action"); // Action

10.2.6　大括号

使用大括号可以将 ActionScript 3.0 程序中的事件、类定义和函数组合成块，即代码块。代码块是指左大括号 "{" 与右大括号 "}" 之间的任意一组语句。在包、类、方法中，均以大括号作为开始和结束的标记。

(1) 控制程序流的结构中，用大括号 { } 括起需要执行的语句。例如：

if (age "|" 18){

trace("The game is available.");

}

else{

trace("The game is not for children.");

}

(2) 定义类时，类体要放在大括号 {} 内，且放在类名的后面。例如：

```
public class Shape{
    var visible:Boolean = true;
}
```

(3) 定义函数时，在大括号之间 {…} 编写调用函数时要执行的 ActionScript 代码，即 { 函数体 }。例如：

```
function myfun(mypar:String){
trace(mypar);
}
myfun("hello world"); // hello world
```

(4) 初始化通用对象时，对象字面值放在大括号 {} 中，各对象属性之间用逗号","隔开。例如：

```
var myObject:Object = {propA:5, propB:6, propC:7};
```

10.3　运算符

　　运算符是一种特殊的函数，它们具有一个或多个操作数并返回相应的值。操作数是运算符用作输入的值（通常为字面值、变量或表达式）。运算是对数据的加工，利用运算符可以进行一些基本的运算。

　　运算符按照操作数的个数分为一元、二元或三元运算符。一元运算符采用 1 个操作数，例如递增运算符 (++) 就是一元运算符，因为它只有一个操作数。二元运算符采用 2 个操作数，例如除法运算符 (/) 有 2 个操作数。三元运算符采用 3 个操作数，例如条件运算符 (?:) 采用 3 个操作数。

10.3.1　赋值运算符

　　赋值运算符有两个操作数，根据一个操作数的值对另一个操作数进行赋值。所有赋值运算符具有相同的优先级。

　　赋值运算符包括=赋值、+= 相加并赋值、-= 相减并赋值、*= 相乘并赋值、/= 相除并赋值、<<= 按位左移位并赋值、>>= 按位右移位并赋值。

10.3.2　数值运算符

　　数值运算符包含 +、-、*、/、%。下面将详细介绍运算符的含义。

　　(1) 加法运算符 "+"：表示两个操作数相加。

　　(2) 减法运算符 "-"：表示两个操作数相减。"-" 也可以作为负值运算符，如 "-5"。

　　(3) 乘法运算符 "*"：表示两个操作数相乘。

（4）除法运算符"/"：表示两个操作数相除。若参与运算的操作数都为整型，则结果也为整型；若其中一个为实型，则结果为实型。

（5）求余运算符"%"：表示两个操作数相除求余数。

如"++a"表示 a 的值先加 1，然后返回 a。"a++"表示先返回 a，然后 a 的值加 1。

10.3.3　逻辑运算符

逻辑运算符即与、或、非运算符，用于对包含比较运算符的表达式进行合并或取非。逻辑运算符包括! 非运算符、&& 与运算符、|| 或运算符。

（1）非运算符"！"具有右结合性，参与运算的操作数为 true 时，结果为 false；操作数为 false 时，结果为 true。

（2）与运算符"&&"具有左结合性，参与运算的两个操作数都为 true 时，结果才为 true；否则为 false。

（3）或运算符"||"具有左结合性，参与运算的两个操作数只要有一个为 true，结果就为 true；当两个操作数都为 false 时，结果才为 false。

10.3.4　比较运算符

比较运算符也称为关系运算符，主要用作比较两个量的大小、是否相等，常用于关系表达式中作为判断的条件。比较运算符包括 < 小于、> 大于、<= 小于或等于、>= 大于或等于、!= 不等于、== 等于。

比较运算符是二元运算符，有两个操作数，对两个操作数进行比较，比较的结果为布尔型，即 true 或者 false。

比较运算符优先级低于算术运算符，高于赋值运算符。若一个式子中既有比较运算、赋值运算，也有算术运算，则先做算术运算，再做比较运算，最后做赋值运算。例如：

a=1+2 > 3-1

即等价于 a=((1+2)>(3-1)) 关系成立，a 的值为 1。

10.3.5　等于运算符

等于运算符为二元运算符，用来判断两个操作数是否相等。等于运算符也常用于条件和循环运算，它们具有相同的优先级。等于运算符包括 == 等于、! = 不等于、=== 严格等于、! == 严格不等于。

10.3.6　位运算符

位运算符包括 & 按位与、| 按位或、^ 按位异或、~ 按位非、<< 左移位、>> 右移位等。

（1）位与"&"运算符主要是把参与运算的两个数各自对应的二进位相与，只有对应的两个二进位均为 1 时，结果才为 1，否则为 0。参与运算的两个数以补码形式出现。

(2) 位或"|"运算符是把参与运算的两个数各自对应的二进制位相或。

(3) 位非"~"运算符是把参与运算的数的各个二进制位按位求反。

(4) 位异或"^"运算符是把参与运算的两个数所对应二进制位相异或。

(5) 左移"<<"运算符是把"<<"运算符左边的数的二进制位全部左移若干位。

10.4 动作面板

在 Flash 中，动作脚本的编写都是在"动作"面板的编辑环境中进行，熟悉"动作"面板是十分必要的。如果要实现交互性的特效，就必须为其添加相应的脚本语言。

10.4.1 "动作"面板介绍

脚本语言是指实现某一具体功能的命令语句或实现一系列功能的命令语句组合。在 Flash CS6 中，选择"窗口"|"动作"命令，或按 F9 键，即可打开"动作"面板，可以看到"动作"面板的编辑环境由左、右两部分组成，左侧部分又分为上、下两个窗口，如图 10-46 所示。

图 10—46

"动作"面板由动作工具箱、脚本导航器和脚本窗口 3 个部分组成，各部分的功能分别如下。

1．动作工具箱

动作工具箱位于"动作"面板左上方，可以按照下拉列表中所选不同的 ActionScript 版本类别显示不同的脚本命令。单击前面的图标展开每一个条目，可以显示出对应条目下的动作脚本语句元素，双击选中的语句即可将其添加到编辑窗口。

2．脚本导航器

脚本导航器位于"动作"面板的左下方，其中列出了当前选中对象的具体信息，如名称、位置等。单击脚本导航器中的某一项目，与该项目相关联的脚本则会出现在"脚本"窗口中，并且场景上的播放头也将移到时间轴上的对应位置。

3．脚本窗口

脚本窗口是添加代码的区域。可以直接在"脚本"窗口中编辑动作、输入动作参数或删除动作，也可以双击"动作"工具箱中的某一项或"脚本编辑"窗口上方的"添加脚本"工具，向"脚本"窗口添加动作。脚本可以是 ActionScript、Flash Communication 或 Flash JavaScript 文件。

10.4.2　"动作"面板应用

在"脚本"编辑窗口的上面有一排工具图标，如图 10-47 所示。在编辑脚本的时候，这些工具会被激活，用户可以方便适时地使用它们的功能。

图 10-47

主要工具按钮的功能分别如下。

(1)"将新项目添加到脚本中"按钮 ：单击该按钮，在弹出的菜单中显示需要添加的脚本命令，如图 10-48 所示，选择相应的命令，即可将脚本添加到脚本窗口中。

(2)"查找"按钮 ：单击该按钮，打开"查找和替换"对话框，如图 10-49 所示，可以查找或替换脚本中的文本或者字符串。

图 10-48

图 10-49

(3)"插入目标路径"按钮 ：单击该按钮，打开"插入目标路径"对话框，如图 10-50 所示。用于设置脚本中的某个动作为绝对或相对路径。

(4)"语法检查"按钮 ：单击该按钮，检查当前脚本中的语法错误。如果出现错误，将自动打开"编译器错误"面板，在该面板中显示错误报告，如图 10-51 所示。

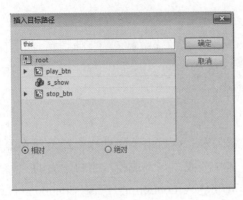

图 10-50

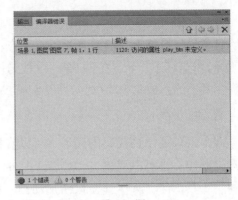

图 10-51

(5)"自动套用格式"按钮：单击该按钮，可以为脚本设置正确的编码语法性和可读性，在"首选参数"对话框中设置自动套用格式首选参数，如图 10-52 所示。

(6)"显示代码提示"按钮：单击该按钮，用于显示或关闭自动代码提示，显示正在处理的代码提示，如图 10-53 所示。

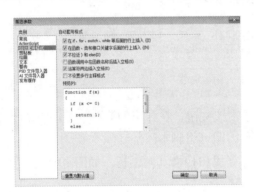

图 10-52

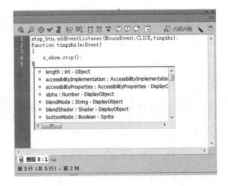

图 10-53

(7)"调试选项"按钮：单击该按钮，即可在打开的下拉菜单中设置或删除断点，以便在调试时可以逐行执行脚本，如图 10-54 所示。调试选项只适用于 ActionScript 文件使用，对 Flash Communication 或 Flash JavaScript 文件不能使用此选项。

图 10-54

(8)"折叠成对大括号"按钮 <img>：单击该按钮，可以对出现在当前包含插入点的成对大括号或小括号间的代码进行折叠。

(9)"折叠所选"按钮 <img>：单击该按钮，可以对所选择的代码进行折叠；按住 Alt 键，可折叠所选之外的代码部分。

(10)"展开全部"按钮 <img>：单击该按钮，展开当前脚本中所有折叠的代码。

(11)"应用块注释"按钮 <img>：单击该按钮，块注释字符将被置于所选代码块的开头 (/*) 和结尾 (*/)。

(12)"代码片段"按钮 <img> 代码片断：单击该按钮，将弹出代码片段库对话框。代码库可以让用户方便地通过导入和导出功能，管理代码，是常用代码集合。

(13)"脚本助手"按钮 <img>：单击该按钮，将在"动作"面板中打开脚本助手模式，如图 10-55 所示，在脚本助手模式下创建脚本所需的元素。

图 10-55

在此，将练习制作一个鼠标跟随特效，以熟练掌握动作脚本的添加操作。

STEP 01 新建一个 Flash 文档，设置其舞台尺寸为 500 像素 ×450 像素，帧频为 30，如图 10-56 所示。将素材图片导入到库中。按快捷键 Ctrl+Shift+S 将文件保存。

STEP 02 将库中背景图片拖至舞台中，然后调整其大小和位置。在图层 1 上方新建图层 2，新建影片剪辑元件"rectangle"，如图 10-57 所示。

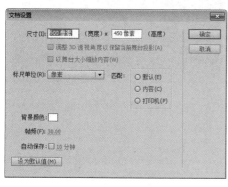

图 10-56

图 10-57

STEP 03 使用椭圆工具绘制圆形并填充颜色。新建图层 3，使用文本工具输入字母"N"，并设置字体为"Wide Latin"，大小为50，颜色为白色，如图10-58所示。

STEP **04** 新建影片剪辑元件"rectangle movie"，将影片剪辑元件"rectangle"拖至舞台，如图10-59所示。分别在第30、60、90、120、150帧处插入关键帧。在第1帧处输入控制脚本"stop();"。

图10-58

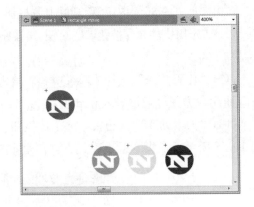

图10-59

STEP **05** 设置第1帧的Alpha值为0%，如图10-60所示，并依次改变第30、60、90、120帧中元件的高级颜色为(255,0,0)、(0,255,0)、(255,255,0)、(0,0,255)。在第1~150帧间创建传统补间动画。

STEP **06** 返回到主场景，将影片剪辑元件"rectangle movie"拖至舞台合适位置。新建图层"actions"，在第1帧对应的动作面板中输入控制脚本。最后按快捷键Ctrl+Enter测试动画即可，如图10-61所示。

图10-60

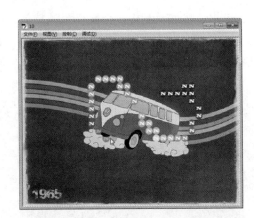

图10-61

10.5 脚本的编写与调试

简单地说，添加脚本可分为两种：一是把脚本编写在时间轴上面的关键帧上（必须是关键帧上才可以添加脚本）；二是把脚本编写在对象身上，比如把脚本直接写在MC(影片剪辑元件的实例)上、按钮上。下面介绍一些基础脚本的使用技巧。

10.5.1　编写脚本

制作引人入胜的动画,需要用到动作脚本对动画进行编程控制。ActionScript 是 Flash 的脚本撰写语言,通过它可以制作各种特殊效果。Flash 中的所有脚本命令语言都在"动作"面板中编写。

基本的 ActionScript 命令包括 stop()、play()、gotoAndPlay()、gotoAndStop()、nextFrame()、prevFrame()、nextScene()、prevScene()、stopAllSounds() 等。ActionScript 语法的大小写是敏感的,例如 gotoAndPlay() 正确,gotoAndplay() 错误,关键字的拼写必须和语法一致。

1．播放动画

选择"窗口"|"动作"命令,打开"动作"面板,在脚本编辑区中输入相应的代码即可。

如果动作附加到某一个按钮上,那么该动作会被自动包含在处理函数 on (mouse event) 内,其代码如下。

```
on (release) {
play();
}
```

如果动作附加到某一个影片剪辑中,那么该动作会被自动包含在处理函数 onClipEvent 内,其代码如下。

```
onClipEvent (load) {
play();
}
```

2．停止播放动画

停止播放动画脚本的添加与播放动画脚本的添加相类似。

如果动作附加到某一按钮上,那么该动作会被自动包含在处理函数 on (mouse event) 内,其代码如下。

```
on (release) {
    stop();
}
```

如果动作附加到某个影片剪辑中,那么该动作会被自动包含在处理函数 onClipEvent 内,其代码如下。

```
onClipEvent (load) {
stop();
}
```

3．跳到某一帧或场景

要跳到影片中的某一特定帧或场景，可以使用 goto 动作。该动作在"动作"工具箱作为两个动作列出：gotoAndPlay 和 gotoAndStop。当影片跳到某一帧时，可以选择参数来控制是从新的一帧播放影片 (默认设置) 还是在当前帧停止。

例如将播放头跳到第 10 帧，然后从那里继续播放：

gotoAndPlay(10);

例如将播放头跳到该动作所在的帧之前的第 5 帧：

gotoAndStop(_currentframe+5);

当单击指定的元件实例后，将播放头移动到时间轴中的下一场景并在此场景中继续回放：

button_1.addEventListener(MouseEvent.CLICK, fl_ClickToGoToNextScene);

function fl_ClickToGoToNextScene(event:MouseEvent):void

{

　　MovieClip(this.root).nextScene();

}

4．跳到不同的 URL 地址

若要在浏览器窗口中打开网页，或将数据传递到所定义 URL 处的另一个应用程序，可以使用 getURL 动作。

如下代码片段表示单击指定的元件实例会在新浏览器窗口中加载 URL，即单击后跳转到相应 Web 页面。

button_1.addEventListener(MouseEvent.CLICK, fl_ClickToGoToWebPage);

function fl_ClickToGoToWebPage(event:MouseEvent):void

{

　　navigateToURL(new URLRequest("http://www.sina.com"), "_blank");

}

对于窗口来讲，可以指定要在其中加载文档的窗口或帧。

- _self 用于指定当前窗口中的当前帧。
- _blank 用于指定一个新窗口。
- _parent 用于指定当前帧的父级。
- _top 用于指定当前窗口中的顶级帧。

10.5.2　调试脚本

一般来说，高级语言的编程和程序的调试都是在特定的平台上进行的。而 ActionScript 可以在动作面板中进行编写，不能在动作面板中测试。Flash CS6 为预览、测试、调试 ActionScript 脚本程序提供了一系列的工具，其中包括专门用来调试 ActionScript 脚本的调试器。

　　ActionScript 3.0 调试器仅用于 ActionScript 3.0 FLA 和 AS 文件。启动一个 ActionScript 3.0 调试会话时，Flash 将启动独立的 Flash Player 调试版来播放 SWF 文件。调试版 Flash 播放器从 Flash 创作应用程序窗口的单独窗口中播放 SWF。

1．进入调试模式

　　开始调试会话的方式取决于正在处理的文件类型。如从 FLA 文件开始调试，则选择"调试"|"调试影片"|"调试"命令，打开调试所用面板的调试工作区，如图 10-62 所示。调试会话期间，Flash 遇到断点或运行时错误时将中断执行 ActionScript。

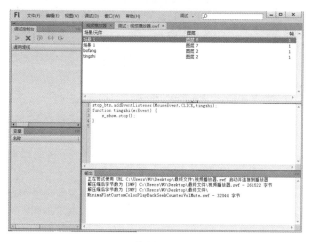

图 10-62

　　ActionScript 3.0 调试器将 Flash 工作区转换为显示调试所用面板的调试工作区，包括动作面板、"调试控制台"和"变量"面板。调试控制台显示调用堆栈并包含用于跟踪脚本的工具。"变量"面板显示了当前范围内的变量及其值，并允许用户自行更新这些值。

　　Flash 启动调试会话时，将在为会话导出的 SWF 文件中添加特定信息。此信息允许调试器提供代码中遇到错误的特定行号。用户可以将此特殊调试信息包含在所有从发布设置中通过特定 FLA 文件创建的 SWF 文件中。这将允许用户调试 SWF 文件，即使并未显式启动调试会话。

2．调试远程 ActionScript 3.0 SWF 文件

　　利用 ActionScript 3.0，可以通过使用 Debug Flash Player 的独立版本、ActiveX 版本或者插件版本调试远程 SWF 文件。但是，在 ActionScript 3.0 调试器中，远程调试限制于和 Flash 创作应用程序位于同一本地主机上，并且正在独立调试播放器、ActiveX 控件或插件中播放的文件。

　　若要允许远程调试文件，需在"发布设置"中选中"允许调试"。也可以发布带有调试密码的文件以确保只有可信用户才能调试。下面将对启用 SWF 文件的远程调试并设置调试密码的操作进行介绍。

　　(1) 打开 FLA 文件，在"发布设置"对话框中选中"允许调试"复选项，如图 10-63 所示。

Adobe Flash CS6

动画设计与制作案例技能实训教程

CHAPTER 06

CHAPTER 07

CHAPTER 08

CHAPTER 09

CHAPTER 10

接着选择"文件"|"导出"|"导出影片"命令，弹出"导出影片"对话框。

(2) 从中选择存储路径将 SWF 文件保存，以在本地主机上执行远程调试会话。选择"调试"|"开始远程调试会话"|ActionScript 3.0 命令，打开如图 10-64 所示的窗口，并等待播放器连接。

(3) 在调试版本的 Flash Player 插件或 ActiveX 控件中打开 SWF 文件。当调试播放器连接到 Flash ActionScript 3.0 调试器面板时，调试会话开始。

图 10-63

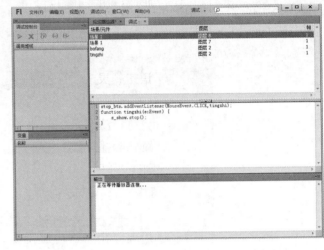

图 10-64

10.6 创建交互式动画

目前，互联网上用 Flash 制作的站点越来越多，其神奇的表现效果令人流连忘返，叹为观止。特别是其交互性设计，更令网页多了几分灵气。

交互式动画是指影片播放时支持事件响应和交互功能，动画在播放时能够接受到某种控制，而不是像普通动画那样从头到尾进行播放。它是通过按钮元件和动作脚本语言 ActionScript 实现的。例如用户用鼠标按一个按钮或在键盘上按下一个键时，将激活一个对应的动作操作。

Flash 中的交互功能是由事件、对象和动作组成的。创建交互式动画就是要设置在某种事件下对某个对象执行某个动作。事件是指用户单击按钮或影片剪辑实例、按下键盘等操作；动作指使播放的动画停止、使停止的动画重新播放等操作。

1. 事件

按照触发方式的不同，事件可以分为帧事件和用户触发事件。帧事件是基于时间的，如当动画播放到某一时刻时，事件就会被触发。用户触发事件是基于动作的，包括鼠标事件、键盘事件和影片剪辑事件。下面简单介绍一些用户触发事件。

● press：当鼠标指针移到按钮上时，按下鼠标发生的动作。

- release：在按钮上方按下鼠标，然后松开鼠标发生的动作。
- rollOver：当鼠标滑入按钮时发生的动作。
- dragOver：按住鼠标不放，鼠标滑入按钮发生的动作。
- keyPress：当按下指定键时发生的动作。
- mouseMove：当移动鼠标时发生的动作。
- load：当加载影片剪辑元件到场景中时发生的动作。
- enterFrame：当加入帧时发生的动作。
- date：当数据接收到和数据传输完时发生的动作。

2．动作

动作是 ActionScript 脚本语言的灵魂和编程的核心，用于控制动画播放过程中相应的程序流程和播放状态。

- Stop() 语句：用于停止当前播放的影片，最常见的运用是使用按钮控制影片剪辑。
- gotoAndPlay() 语句：跳转并播放，跳转到指定的场景或帧，并从该帧开始播放；如果没有指定场景，则跳转到当前场景的指定帧。
- getURL 语句：用于将指定的 URL 加载到浏览器窗口，或者将变量数据发送给指定的 URL。
- stopAllSounds 语句：用于停止当前在 Flash Player 中播放的所有声音，该语句不影响动画的视觉效果。

【自己练】

项目练习1：制作中秋贺卡

效果如图10-65所示。

图 10—65

💻 **制作流程：**

STEP **01** 绘制Q版的小鸟，制作小鸟的动画。

STEP **02** 绘制动画场景，场景的风格要和小鸟的风格相匹配。

STEP **03** 动画制作完成后，输入贺卡的祝福语。添加代码，实现贺卡的互动跳转。

STEP **04** 为贺卡添加背景音乐。

项目练习2：制作元宵节贺卡

效果如图10-66所示。

图 10—66

💻 **制作流程：**

STEP **01** 搜集各类关于元宵节的背景图片，将其导入库中。

STEP **02** 分别制作每个背景素材的出场方式动画。

STEP **03** 在每个场景出现后，制作文字动画，输入元宵节的祝福语。

STEP **04** 最后添加代码，实现贺卡的互动跳转。为贺卡添加有元宵节色彩的背景音乐。